Grundlinien

einer

Erkenntnistheorie

der

Goetheschen Weltanschauung

mit besonderer

Rücksicht auf Schiller

(Zugleich eine Zugabe zu „Goethes naturwissenschaftlichen Schriften"
in Kürschners Deutscher National-Litteratur)

Von

Rudolf Steiner

Berlin und Stuttgart
Verlag von W. Spemann
1886

Grundlinien

einer

Erkenntnistheorie

der

Goetheschen Weltanschauung

mit besonderer

Rücksicht auf Schiller

(Zugleich eine Zugabe zu „Goethes naturwissenschaftlichen Schriften"
in Kürschners Deutscher National-Litteratur)

Von

Rudolf Steiner

Berlin und Stuttgart
Verlag von W. Spemann
1886

Das Recht der Übersetzung ist vorbehalten.

Druck von B. G. Teubner in Leipzig.

Vorwort.

Als mir durch Herrn Prof. Kürschner der ehrenvolle Auftrag wurde, die Herausgabe von Goethes naturwissenschaftlichen Schriften für die Deutsche National=Litteratur zu besorgen, war ich mir der Schwierigkeiten sehr wohl bewußt, die mir bei einem solchen Unternehmen gegenüberstehen. Ich mußte einer Ansicht, die sich fast allgemein festgesetzt hat, entgegentreten.

Während die Überzeugung immer mehr an Verbreitung gewinnt, daß Goethes Dichtungen die Grundlage unserer ganzen Bildung sind, sehen selbst jene, die am weitesten in der Anerkennung seiner wissenschaftlichen Bestrebungen gehen, in diesen nicht mehr als Vorahnungen von Wahrheiten, die im späteren Verlaufe der Wissenschaft ihre volle Bestätigung gefunden haben. Seinem genialischen Blicke soll es hier gelungen sein, Naturgesetzlichkeiten zu ahnen, die dann unabhängig von ihm von der strengen Wissenschaft wieder gefunden wurden. Was man der übrigen Thätigkeit Goethes im vollsten Maße zugesteht, daß sich jeder Gebildete mit ihr auseinanderzusetzen hat, das wird bei seiner wissenschaftlichen Ansicht abgelehnt. Man wird durchaus nicht zugeben, daß man durch ein Eingehen auf des Dichters wissenschaftliche Werke etwas gewinnen könne, was die Wissenschaft nicht auch ohne ihn heute bieten würde.

Als ich durch K. J. Schröer, meinen vielgeliebten Lehrer, in die Weltansicht Goethes eingeführt wurde, hatte mein Denken bereits eine Richtung genommen, die es mir möglich machte, mich über die bloßen Einzelentdeckungen des Dichters hinweg zur Hauptsache zu wenden: zu der Art, wie Goethe eine solche Einzelthatsache dem Ganzen seiner Naturauffassung einfügte, wie er sie verwertete, um zu einer Einsicht in den Zusammenhang der Naturwesen zu gelangen oder wie er sich selbst (in dem Aufsatze „anschauende Urteilskraft")*) so treffend ausdrückt, um an den Produktionen der Natur geistig teilzunehmen. Ich erkannte bald, daß jene Errungenschaften, die Goethe von der heutigen Wissenschaft zugestanden werden, das Unwesentliche sind, während das Bedeutsame gerade übersehen wird. Jene Einzelentdeckungen wären wirklich auch ohne Goethes Forschen gemacht worden; seiner großartigen Naturauffassung aber wird die Wissenschaft so lange entbehren, als sie sie direkt von ihm selbst schöpft. Damit war die Richtung gegeben, die die Einleitungen zu meiner Ausgabe zu nehmen haben. Sie müssen zeigen, daß jede einzelne von Goethe ausgesprochene Ansicht aus der Totalität seines Genius abzuleiten ist.**)

Die Principien, nach denen dies zu geschehen hat, sind der Gegenstand des vorliegenden Schriftchens. Es soll zeigen, daß das, was wir als Goethes wissenschaftliche Anschauungen hinstellen, auch einer selbständigen Begründung fähig ist.***)

Damit hätte ich alles gesagt, was mir den folgenden Abhandlungen voranzuschicken nötig schien. Es obliegt mir nur noch eine angenehme Pflicht zu erfüllen, nämlich Herrn Prof. Kürschner, der in der außerordentlich wohlwollenden Weise, in der er meinen wissenschaftlichen Bemühungen stets entgegengekommen ist, auch diesem Schriftchen seine Förderung freundlichst angedeihen ließ, meinen tiefgefühltesten Dank auszusprechen.

Ende April 1886.

Rudolf Steiner.

---

*) Vgl. Goethes naturwissenschaftliche Schriften in Kürschners Deutscher National-Litteratur Bd. I, S. 115.
**) Über die Art, wie sich meine Ansichten dem Gesamtbilde Goethescher Weltanschauung einfügen, handelt Schröer in seinem Vorworte zu Goethes naturwissenschaftl. Schriften (Kürschners Deutsche National-Litteratur Bd. I, S. I—XIV). [Vgl. auch dessen Faust-Ausgabe II. Bd., 2. Aufl., S. VII.]
***) Die Verzögerung, die in der Herausgabe der naturwissenschaftlichen Schriften eintrat, ist darauf zurückzuführen, daß mir daran lag, diese selbständige Begründung dem übrigen vorangehen zu lassen. Jetzt soll in Bälde der zweite und dritte Band dem ersten nachfolgen.

A. Vorfragen.

---

1. Ausgangspunkt.

Wenn wir irgend eine der Hauptströmungen des geistigen
Lebens der Gegenwart nach rückwärts bis zu ihren Quellen
verfolgen, so treffen wir wohl stets auf einen der Geister unserer
klassischen Epoche. Goethe oder Schiller, Herder oder Lessing haben
einen Impuls gegeben, und davon ist diese oder jene geistige Be=
wegung ausgegangen, die heute noch fortdauert. Unsere ganze
deutsche Bildung fußt so sehr auf unseren Klassikern, daß wohl
mancher, der sich vollkommen originell zu sein dünkt, nichts weiter
vollbringt, als daß er ausspricht, was Goethe oder Schiller längst
angedeutet haben. Wir haben uns in die durch sie geschaffene
Welt so hineingelebt, daß kaum irgend jemand auf unser Ver=
ständnis rechnen darf, der sich außerhalb der von ihnen vorgezeichneten
Bahn bewegen wollte. Unsere Art, die Welt und das Leben an=
zusehen, ist so sehr durch sie bestimmt, daß niemand unsere
Teilnahme erregen kann, der nicht Berührungspunkte mit dieser
Welt sucht.

Nur von einem Zweig unserer geistigen Kultur müssen wir
gestehen, daß er einen solchen Berührungspunkt noch nicht gefunden
hat. Es ist jener Zweig der Wissenschaft, der über das bloße
Sammeln von Beobachtungen, über die Kenntnisnahme einzelner
Erfahrungen hinausgeht, um eine befriedigende Gesamtanschauung
von Welt und Leben zu liefern. Es ist das, was man gewöhnlich
Philosophie nennt. Für sie scheint unsere klassische Zeit geradezu
nicht vorhanden zu sein. Sie sucht ihr Heil in einer künstlichen
Abgeschlossenheit und vornehmen Isolierung von allem übrigen
Geistesleben. Dieser Satz wird dadurch nicht widerlegt, daß sich

eine stattliche Anzahl älterer und neuerer Philosophen und Natur=
forscher mit Goethe und Schiller auseinandergesetzt hat. Denn
diese haben ihren wissenschaftlichen Standpunkt nicht dadurch ge=
wonnen, daß sie die Keime in den wissenschaftlichen Leistungen
jener Geistesheroen zur Entwicklung gebracht haben. Sie haben ihren
wissenschaftlichen Standpunkt außerhalb jener Weltanschauung,
die Schiller und Goethe vertreten haben, gewonnen und ihn nach=
träglich mit derselben verglichen. Sie haben das auch nicht in
der Absicht gethan, um aus den wissenschaftlichen Ansichten der
Klassiker etwas für ihre Richtung zu gewinnen, sondern um
dieselben zu prüfen, ob sie vor dieser ihrer eigenen Richtung be=
stehen können. Wir werden darauf noch näher zurückkommen.
Vorerst möchten wir nur auf die Folgen verweisen, die sich aus
dieser Haltung gegenüber der höchsten Entwicklungsstufe der Kultur
der Neuzeit für das in Betracht kommende Wissenschaftsgebiet
ergeben.

Ein großer Teil des gebildeten Lesepublikums wird heute
eine litterarisch=wissenschaftliche Arbeit sogleich ungelesen von sich
weisen, wenn sie mit dem Anspruche auftritt, eine philosophische
zu sein. Kaum in irgend einer Zeit hat sich die Philosophie
eines geringeren Maßes von Beliebtheit erfreut als gegenwärtig.
Sieht man von den Schriften Schopenhauers und Ed. v. Hartmanns
ab, die Lebens= und Weltprobleme von allgemeinstem Interesse be=
handeln und deshalb weite Verbreitung gefunden haben, so wird
man nicht zu weit gehen, wenn man sagt: philosophische Arbeiten
werden heute nur von Fachphilosophen gelesen. Niemand außer
diesen kümmert sich darum. Der Gebildete, der nicht Fachmann
ist, hat das unbestimmte Gefühl: „Diese Litteratur enthält nichts,
was einem meiner geistigen Bedürfnisse entsprechen würde; die
Dinge, die da abgehandelt werden, gehen mich nichts an, sie hängen
in keiner Weise damit zusammen, was ich zur Befriedigung meines
Geistes notwendig habe." An diesem Mangel an Interesse für
alle Philosophie kann nur der von uns angedeutete Umstand die
Schuld tragen, denn es steht jener Interesselosigkeit ein stets
wachsendes Bedürfnis nach einer befriedigenden Welt= und Lebens=
anschauung gegenüber. Was für so viele lange Zeit ein voller
Ersatz war: die religiösen Dogmen verlieren immer mehr an über=
zeugender Kraft. Der Drang nimmt immer zu, das durch die
Arbeit des Denkens zu erringen, was man einst dem Offen=

barungsglauben verdankte: Befriedigung des Geistes. An Teilnahme der Gebildeten könnte es daher nicht fehlen, wenn das in Rede stehende Wissenschaftsgebiet wirklich Hand in Hand ginge mit der ganzen Kulturentwicklung, wenn seine Vertreter Stellung nehmen würden zu den großen Fragen, die die Menschheit bewegen.

Man muß sich dabei immer vor Augen halten, daß es sich nie darum handeln kann, erst künstlich ein geistiges Bedürfnis zu erzeugen, sondern allein darum, das bestehende aufzusuchen und ihm Befriedigung zu gewähren. Nicht das Aufwerfen von Fragen ist die Aufgabe der Wissenschaft, sondern das sorgfältige Beobachten derselben, wenn sie von der Menschennatur und der jeweiligen Kulturstufe gestellt werden, und ihre Beantwortung. Unsere modernen Philosophen stellen sich Aufgaben, die durchaus kein natürlicher Ausfluß der Bildungsstufe sind, auf der wir stehen und nach deren Beantwortung daher niemand fragt. An jenen Fragen aber, die unsere Bildung vermöge jenes Standortes, auf den sie unsere Klassiker gehoben, stellen muß, geht die Wissen= schaft vorüber. So haben wir eine Wissenschaft, nach der niemand sucht und ein wissenschaftliches Bedürfnis, das von niemandem befriedigt wird.

Unsere centrale Wissenschaft, jene Wissenschaft, die uns die eigentlichen Welträtsel lösen soll, darf keine Ausnahme machen gegenüber allen andern Zweigen des Geisteslebens. Sie muß ihre Quellen dort suchen, wo sie die letzteren gefunden haben. Sie muß sich mit unseren Klassikern nicht nur auseinandersetzen; sie muß bei ihnen auch die Keime zu ihrer Entwicklung suchen; es muß sie der gleiche Zug wie unsere übrige Kultur durchwehen. Das ist eine in der Natur der Sache liegende Notwendigkeit. Ihr ist es auch zuzuschreiben, daß die oben bereits berührten Aus= einandersetzungen moderner Forscher mit den Klassikern stattgefunden haben. Sie zeigen aber nichts weiter, als daß man ein dunkles Gefühl hat von der Unstatthaftigkeit, über die Überzeugungen jener Geister einfach zur Tagesordnung überzugehen. Sie zeigen aber auch, daß man es zur wirklichen Weiterentwicklung ihrer Ansichten nicht gebracht hat. Dafür spricht die Art, wie man an Lessing, Herder, Goethe, Schiller herangetreten ist. Bei aller Vortrefflichkeit vieler hieher gehöriger Schriften, muß man doch fast von allem, was über Goethes und Schillers wissenschaftliche Arbeiten geschrieben worden ist, sagen, daß es sich nicht organisch aus deren An=

1*

schauungen herausgebildet, sondern sich in ein nachträgliches Ver=
hältnis zu denselben gesetzt hat. Keine Thatsache kann das mehr
erhärten, als die, daß die entgegengesetztesten wissenschaftlichen Rich=
tungen in Goethe den Geist gesehen haben, der ihre Ansichten
„vorausgeahnt" hat. Weltanschauungen, die gar nichts mit ein=
ander gemein haben, weisen mit scheinbar gleichem Recht auf Goethe
hin, wenn sie das Bedürfnis empfinden, ihren Standpunkt auf
den Höhen der Menschheit anerkannt zu sehen. Man kann sich
keine schärferen Gegensätze denken als die Lehre Hegels und Schopen=
hauers. Dieser nennt Hegel einen Charlatan, seine Philosophie
seichten Wortkram, baren Unsinn, barbarische Wortzusammen=
stellungen. Beide Männer haben eigentlich gar nichts mit einander
gemein als eine unbegrenzte Verehrung für Goethe und den Glauben,
daß der letztere sich zu ihrer Weltansicht bekannt habe.

Mit neueren wissenschaftlichen Richtungen ist es nicht anders.
Haeckel, der mit eiserner Konsequenz und in genialischer Weise den
Darwinismus ausgebaut hat, den wir als den weitaus bedeutendsten
Anhänger des englischen Forschers ansehen müssen, sieht in der
Goetheschen Ansicht die seinige vorgebildet. Ein anderer Naturforscher
der Gegenwart: A. F. W. Jessen schreibt von der Theorie Darwins:
„Das Aufsehen, welches diese früher schon oft vorgebrachte und
von gründlicher Forschung ebenso oft widerlegte, jetzt aber mit
vielen Scheingründen unterstützte Theorie bei manchen Special=
forschern und vielen Laien gefunden hat, zeigt, wie wenig leider
noch immer die Ergebnisse der Naturforschung von den Völkern
erkannt und begriffen sind."*) Von Goethe sagt derselbe Forscher,
daß er sich „zu umfassenden Forschungen in der leblosen wie in
der belebten Natur aufgeschwungen"**) habe, indem er „in sinniger,
tiefdringender Naturbetrachtung das Grundgesetz aller Pflanzen=
bildung"***) fand. Jeder der genannten Forscher weiß in schier
erdrückender Zahl Belege für die Übereinstimmung seiner wissen=
schaftlichen Richtung mit den „sinnigen Beobachtungen Goethes"
zu erbringen. Es müßte denn doch wohl ein bedenkliches Licht
auf die Einheitlichkeit Goetheschen Denkens werfen, wenn sich jeder
dieser Standpunkte mit Recht auf dasselbe berufen könnte. Der
Grund dieser Erscheinung liegt aber eben darinnen, daß doch

*) Sieh dessen „Botanik der Gegenwart und Vorzeit" S. 459.
**) Ebda. S. 345.
***) Ebda. S. 332.

keine dieser Ansichten wirklich aus der Goetheschen Weltanschauung herausgewachsen ist, sondern daß jede ihre Wurzeln außerhalb derselben hat. Er liegt darinnen, daß man zwar nach äußerer Übereinstimmung mit Einzelheiten, die aus dem Ganzen Goethe= schen Denkens herausgerissen, ihren Sinn verlieren, sucht, daß man aber diesem Ganzen selbst nicht die innere Gediegenheit zugestehen will, eine wissenschaftliche Richtung zu begründen. Goethes Ansichten waren nie Ausgangspunkt wissenschaftlicher Untersuchungen, sondern stets nur Vergleichungsobjekt. Die sich mit ihm beschäftigten, waren selten Schüler, die sich un= befangenen Sinnes seinen Ideen hingaben, sondern zumeist Kriti= ker, die über ihn zu Gericht saßen.

Man sagt eben, Goethe habe viel zu wenig wissenschaftlichen Sinn gehabt; er war ein um so schlechterer Philosoph, als er besserer Dichter war. Deshalb wäre es unmöglich, einen wissen= schaftlichen Standpunkt auf ihn zu stützen. Das ist eine vollstän= dige Verkennung der Natur Goethes. Goethe war allerdings kein Philosoph im gewöhnlichen Sinne des Wortes, aber es darf nicht vergessen werden, daß die wunderbare Harmonie seiner Per= sönlichkeit Schiller zu dem Ausspruche führte: „Der Dichter ist der einzige wahre Mensch." Das, was Schiller hier unter dem „wahren Menschen" versteht, das war Goethe. In seiner Persön= lichkeit fehlte kein Element, das zur höchsten Ausprägung des Allgemein=Menschlichen gehört. Aber alle diese Elemente vereinigten sich in ihm zu einer Totalität, die als solche wirksam ist. So kommt es, daß seinen Ansichten über die Natur ein tiefer philo= sophischer Sinn zu Grunde liegt, wenngleich dieser philosophische Sinn nicht in Form bestimmter wissenschaftlicher Sätze zu seinem Bewußtsein kommt. Wer sich in jene Totalität vertieft, der wird, wenn er philosophische Anlagen mitbringt, jenen philosophischen Sinn loslösen und ihn als Goethesche Wissenschaft darlegen können. Er muß aber von Goethe ausgehen und nicht mit einer fertigen Ansicht an ihn herantreten. Goethes Geisteskräfte sind immer in einer Weise wirksam, wie sie der strengsten Philosophie gemäß ist, wenn er auch kein systematisches Ganze derselben hinter= lassen hat.

Goethes Weltansicht ist die denkbar vielseitigste. Sie geht von einem Centrum aus, das in der einheitlichen Natur des Dichters gelegen ist und kehrt immer jene Seite hervor, die der

Natur des betrachteten Gegenstandes entspricht. Die Einheitlich=
keit der Bethätigung der Geisteskräfte liegt in der Natur Goethes,
die jeweilige Art dieser Bethätigung wird durch das betreffende
Objekt bestimmt. Goethe entlehnt die Betrachtungsweise der Außen=
welt und zwingt sie ihr nicht auf. Nun ist aber das Denken
vieler Menschen nur in einer bestimmten Weise wirksam; es ist
nur für eine Gattung von Objekten dienlich; es ist nicht wie das
Goethesche einheitlich, sondern einförmig. Wir wollen uns
genauer ausdrücken: Es gibt Menschen, deren Verstand vornehm=
lich geeignet ist, rein mechanische Abhängigkeiten und Wirkungen
zu denken; sie stellen sich das ganze Universum als einen Mechanis=
mus vor. Andere haben einen Drang, das geheimnisvolle, mystische
Element der Außenwelt überall wahrzunehmen; sie werden An=
hänger des Mysticismus. Aller Irrtum entsteht dadurch, daß eine
solche Denkweise, die ja für eine Gattung von Objekten volle
Geltung hat, für universell erklärt wird. So erklärt sich der
Widerstreit der vielen Weltanschauungen. Tritt nun eine solche
einseitige Auffassung der Goetheschen gegenüber, die unbeschränkt
ist, weil sie die Betrachtungsweise überhaupt nicht aus dem Geiste
des Betrachters, sondern aus der Natur des Betrachteten entnimmt,
so ist es begreiflich, daß sie sich an jene Gedankenelemente der=
selben anklammert, die ihr gemäß sind. Goethes Weltansicht
schließt eben in dem angedeuteten Sinne viele Denkrichtungen in
sich, während sie von keiner einseitigen Auffassung je durchdrungen
werden kann.

Der philosophische Sinn, der ein wesentliches Element in
dem Organismus des Goetheschen Genius ist, hat auch für seine
Dichtungen Bedeutung. Wenn es Goethe auch ferne lag, das,
was dieser Sinn ihm vermittelte, in begrifflich klarer Form sich
vorzulegen, wie dies Schiller imstande war, so ist es doch wie
bei Schiller ein Faktor, der bei seinem künstlerischen Schaffen mit=
wirkt. Goethes und Schillers dichterische Produktionen sind ohne
ihre im Hintergrunde derselben stehende Weltanschauung nicht
denkbar. Dabei kommt es bei Schiller mehr auf seine wirklich
ausgebildeten Grundsätze, bei Goethe auf die Art seines An=
schauens an. Daß aber die größten Dichter unserer Nation auf
der Höhe ihres Schaffens jenes philosophischen Elementes nicht
entraten konnten, bürgt mehr als alles andere dafür, daß dasselbe
in der Entwicklungsgeschichte der Menschheit ein notwendiges Glied

ift. Gerade die Anlehnung an Goethe und Schiller wird es er=
möglichen, unsere centrale Wissenschaft ihrer Kathedereinsamkeit zu
entreißen und der übrigen Kulturentwicklung einzuverleiben. Die
wissenschaftlichen Überzeugungen unserer Klassiker hängen mit tausend
Fäden an ihren übrigen Bestrebungen, sie sind solche, welche von
der Kulturepoche, die sie geschaffen, gefordert werden.

---

2. Die Wissenschaft Goethes nach der Methode Schillers.

Mit dem Bisherigen haben wir die Richtung bestimmt, die
die folgenden Untersuchungen nehmen werden. Sie sollen eine
Entwicklung dessen sein, was sich in Goethe als wissenschaftlicher
Sinn geltend machte, eine Interpretation seiner Art, die Welt zu
betrachten.

Dagegen kann man einwenden, das sei nicht die Art, eine
Ansicht wissenschaftlich zu vertreten. Eine wissenschaftliche Ansicht
dürfe unter keinerlei Umständen auf einer Autorität, sondern müsse
stets auf Principien beruhen. Wir wollen diesen Einwand sogleich
vorwegnehmen. Uns gilt nicht deshalb eine in der Goetheschen
Weltauffassung begründete Ansicht für wahr, weil sie sich aus
dieser ableiten läßt, sondern weil wir glauben, die Goethesche
Weltansicht auf haltbare Grundsätze stützen und sie als eine in
sich begründete vertreten zu können. Daß wir unseren Ausgangs=
punkt von Goethe nehmen, soll uns nicht hindern, es mit der
Begründung der von uns vertretenen Ansichten ebenso ernst zu
nehmen, wie die Vertreter einer angeblich voraussetzungslosen
Wissenschaft. Wir vertreten die Goethesche Weltansicht,
aber wir begründen sie den Forderungen der Wissen=
schaft gemäß.

Für den Weg, den solche Untersuchungen einzuschlagen haben,
hat Schiller die Richtung vorgezeichnet. Keiner hat wie er die
Größe des Goetheschen Genius geschaut. In seinen Briefen an
Goethe hat er dem letzteren ein Spiegelbild seines Wesens vor=
gehalten; in seinen Briefen über ästhetische Erziehung des Menschen=
geschlechtes leitet er das Ideal des Künstlers ab, wie er es an
Goethe erkannt hat; und in seinem Aufsatze über naive und senti=
mentalische Dichtung schildert er das Wesen der echten Kunst, wie

er es an der Dichtung Goethes gewonnen hat.   Damit ist zugleich gerechtfertigt, warum wir unsere Ausführungen als auf
Grundlage der Goethe-Schillerschen Weltanschauung erbaut
bezeichnen. Sie wollen das wissenschaftliche Denken Goethes nach
jener Methode betrachten, für die Schiller das Vorbild geliefert
hat. Goethes Blick ist auf die Natur und das Leben gerichtet
und die Betrachtungsweise, die er dabei befolgt, soll der Vorwurf (der Inhalt) für unsere Abhandlung sein; Schillers Blick
ist auf Goethes Geist gerichtet und die Betrachtungsweise, die er
dabei befolgt, soll das Ideal unserer Methode sein.

In dieser Weise denken wir uns Goethes und Schillers
wissenschaftliche Bestrebungen für die Gegenwart fruchtbar gemacht.

Nach der üblichen wissenschaftlichen Bezeichnungsweise wird
unsere Arbeit als Erkenntnistheorie aufgefaßt werden müssen.
Die Fragen, die sie behandelt, werden freilich vielfach anderer
Natur sein als die, die heute von dieser Wissenschaft fast allgemein gestellt werden. Wir haben gesehen, warum das ist. Wo
ähnliche Untersuchungen heute auftreten, gehen sie fast durchgehends
von Kant aus. Man hat in wissenschaftlichen Kreisen durchaus
übersehen, daß neben der von dem großen Königsberger Denker
begründeten Erkenntniswissenschaft noch eine andere Richtung
wenigstens der Möglichkeit nach gegeben ist, die nicht minder einer
sachlichen Vertiefung fähig ist als die Kantsche. Otto Liebmann
hat am Anfange der sechziger Jahre den Ausspruch gethan: Es
muß auf Kant zurückgegangen werden, wenn wir zu einer wider-
spruchslosen Weltansicht kommen wollen. Das ist wohl die Ver-
anlassung, daß wir heute eine fast unübersehbare Kant-Litteratur
haben.

Aber auch dieser Weg wird der philosophischen Wissenschaft
nicht aufhelfen. Sie wird erst wieder eine Rolle in dem Kultur-
leben spielen, wenn sie statt des Zurückgehens auf Kant sich in
die wissenschaftliche Auffassung Goethes und Schillers vertieft.

Und nun wollen wir an die Grundfragen einer diesen
Vorbemerkungen entsprechenden Erkenntniswissenschaft herantreten.

3. Die Aufgabe unserer Wissenschaft.

Von aller Wissenschaft gilt zuletzt das, was Goethe so be=
zeichnend mit den Worten ausspricht: „Die Theorie an und für
sich ist nichts nütze, als insoferne sie uns an den Zusammenhang
der Erscheinungen glauben macht." Stets bringen wir durch die
Wissenschaft getrennte Thatsachen der Erfahrung in einen Zu=
sammenhang. Wir sehen in der unorganischen Natur Ursachen
und Wirkungen getrennt, und suchen nach deren Zusammen=
hang in den entsprechenden Wissenschaften. Wir nehmen in der
organischen Welt Arten und Gattungen von Organismen wahr und
bemühen uns die gegenseitigen Verhältnisse derselben festzustellen.
In der Geschichte endlich treten uns einzelne Kulturepochen der
Menschheit gegenüber; wir bemühen uns die innere Abhängigkeit
der einen Entwicklungsstufe von der andern zu erkennen. So hat
jede Wissenschaft in einem bestimmten Erscheinungsgebiete im Sinne
des obigen Goetheschen Satzes zu wirken.

Jede Wissenschaft hat ihr Gebiet, auf dem sie den Zu=
sammenhang der Erscheinungen sucht. Dann bleibt noch immer
ein großer Gegensatz in unseren wissenschaftlichen Bemühungen
bestehen: die durch die Wissenschaften gewonnene ideelle Welt
einerseits und die ihr zu Grunde liegenden Gegenstände anderer=
seits. Es muß eine Wissenschaft geben, die auch hier die gegen=
seitigen Beziehungen klarlegt. Die ideale und reale Welt, der
Gegensatz von Idee und Wirklichkeit sind die Aufgabe einer
solchen Wissenschaft. Auch diese Gegensätze müssen in ihrer gegen=
seitigen Beziehung erkannt werden.

Diese Beziehungen zu suchen, ist der Zweck der folgenden
Ausführungen. Die Thatsache der Wissenschaft einerseits und
die Natur und Geschichte andererseits sind in ein Verhältnis zu
bringen. Was für eine Bedeutung hat die Spiegelung der Außen=
welt in dem menschlichen Bewußtsein, welche Beziehung besteht
zwischen unserem Denken über die Gegenstände der Wirklichkeit
und den letzteren selbst? —

B. Die Erfahrung.

4. Feſtſtellung des Begriffes der Erfahrung.

Zwei Gebiete ſtehen alſo einander gegenüber, unſer Denken und die Gegenſtände, mit denen ſich dasſelbe beſchäftigt. Man be=zeichnet die letzteren, inſoferne ſie unſerer Beobachtung zugänglich ſind, als den Inhalt der Erfahrung. Ob es außer unſerem Beobachtungsfelde noch Gegenſtände des Denkens giebt und welcher Natur dieſelben ſind, wollen wir vorläufig ganz dahingeſtellt ſein laſſen. Unſere nächſte Aufgabe wird es ſein, jedes von den zwei bezeichneten Gebieten, Erfahrung und Denken, ſcharf zu umgrenzen. Wir müſſen erſt die Erfahrung in beſtimmter Zeichnung vor uns haben und dann die Natur des Denkens erforſchen. Wir treten an die erſte Aufgabe heran.

Was iſt Erfahrung? Jedermann iſt ſich deſſen bewußt, daß ſein Denken im Konflikte mit der Wirklichkeit angefacht wird. Die Gegenſtände im Raume und in der Zeit treten an uns heran; wir nehmen eine vielfach gegliederte, höchſt mannigfaltige Außenwelt wahr und durchleben eine mehr oder minder reichlich entwickelte Innenwelt. Die erſte Geſtalt, in der uns das alles gegenübertritt, ſteht fertig vor uns. Wir haben an ihrem Zu=ſtandekommen keinen Anteil. Wie aus einem uns unbekannten Jenſeits entſpringend, bietet ſich zunächſt die Wirklichkeit unſerer ſinnlichen und geiſtigen Auffaſſung dar. Zunächſt können wir nur unſeren Blick über die uns gegenübertretende Mannigfaltig=keit ſchweifen laſſen. Dieſe unſere erſte Thätigkeit iſt die ſinnliche Auffaſſung der Wirklichkeit. Was ſich dieſer darbietet, müſſen wir feſthalten. Denn nur das können wir reine Erfahrung nennen.

Wir fühlen ſogleich das Bedürfnis, die unendliche Mannig=faltigkeit von Geſtalten, Kräften, Farben, Tönen ꝛc., die vor uns auftritt, mit dem ordnenden Verstande zu durchdringen. Wir sind bestrebt die gegenseitigen Abhängigkeiten aller uns entgegentretenden Einzelheiten aufzuklären. Wenn uns ein Tier in einer bestimmten Gegend erscheint, so fragen wir nach dem Einflusse der letzteren auf das Leben des Tieres; wenn wir sehen, wie ein Stein ins Rollen kommt, so suchen wir nach anderen Ereignissen, mit denen dieses zusammenhängt. Was aber auf solche Weise zustande kommt, ist nicht mehr reine Erfahrung. Es hat schon einen doppelten Ursprung: Erfahrung und Denken.

Reine Erfahrung ist die Form der Wirklichkeit, in der sie uns erscheint, wenn wir ihr mit vollständiger Entäußerung unseres Selbstes entgegentreten.

Auf diese Form der Wirklichkeit sind die Worte anwendbar, die Goethe in dem Aufsatze „Die Natur" ausgesprochen hat: „Wir sind von ihr umgeben und umschlungen. Ungebeten und ungewarnt nimmt sie uns in den Kreislauf ihres Tanzes auf."

Bei den Gegenständen der äußeren Sinne springt das so in die Augen, daß es wohl kaum jemand leugnen wird. Ein Körper tritt uns zunächst als eine Vielheit von Formen, Farben, von Wärme= und Lichteindrücken entgegen, die plötzlich vor uns sind, wie aus einem uns unbekannten Urquell hervorgegangen.

Die psychologische Überzeugung, daß die Sinnenwelt, wie sie uns vorliegt, nichts an sich selbst ist, sondern bereits ein Produkt der Wechselwirkung einer uns unbekannten molekularen Außenwelt und unseres Organismus, widerspricht unserer Behauptung nicht. Wenn es auch wirklich wahr ist, daß Farbe, Wärme 2c. nichts weiter sind, als die Art, wie unser Organismus von der Außen= welt affiziert wird, so liegt doch der Prozeß, der das Geschehen der Außenwelt in Farbe, Wärme 2c. umwandelt, gänzlich jenseits des Bewußtseins. Unser Organismus mag dabei welche Rolle immer spielen: unserem Denken liegt als fertige, uns aufgedrungene Wirklichkeitsform (Erfahrung) nicht das molekulare Geschehen, son= bern jene Farben, Töne 2c. vor.

Nicht so klar liegt die Sache mit unserem Innenleben. Eine genauere Erwägung wird aber hier jeden Zweifel schwinden lassen, daß auch unsere inneren Zustände in derselben Form in den Horizont unseres Bewußtseins eintreten, wie die Dinge und That= sachen der Außenwelt. Ein Gefühl drängt sich mir ebenso auf, wie ein Lichteindruck. Daß ich es in nähere Beziehung zu meiner

eigenen Perſönlichkeit bringe, iſt in dieſer Hinſicht ohne Belang.
Wir müſſen noch weiter gehen. Auch das Denken ſelbſt erſcheint
uns zunächſt als Erfahrungsſache. Schon indem wir forſchend an
unſer Denken herantreten, ſetzen wir es uns gegenüber, ſtellen
wir uns ſeine erſte Geſtalt als von einem uns Unbekannten
kommend vor.

Das kann nicht anders ſein. Unſer Denken iſt, beſonders
wenn man ſeine Form als individuelle Thätigkeit innerhalb unſeres
Bewußtſeins ins Auge faßt, Betrachtung, d. h. es richtet den
Blick nach außen, auf ein Gegenüberſtehendes. Dabei bleibt es
zunächſt als Thätigkeit ſtehen. Es würde ins Leere, ins Nichts
blicken, wenn ſich ihm nicht etwas gegenüberſtellte.

Dieſer Form des Gegenüberſtellens muß ſich alles fügen,
was Gegenſtand unſeres Wiſſens werden ſoll. Wir ſind unvermögend, uns über dieſe Form zu erheben. Sollen wir an dem
Denken ein Mittel gewinnen, tiefer in die Welt einzudringen,
dann muß es ſelbſt zuerſt Erfahrung werden. Wir müſſen das
Denken innerhalb der Erfahrungsthatſachen ſelbſt als
eine ſolche aufſuchen.

Nur ſo wird unſere Weltanſchauung der inneren Einheitlichkeit nicht entbehren. Sie würde es ſogleich, wenn wir ein fremdes
Element in ſie hineintragen wollten. Wir treten der bloßen
reinen Erfahrung gegenüber und ſuchen innerhalb ihrer ſelbſt das
Element, das über ſich und über die übrige Wirklichkeit Licht
verbreitet.

5. Hinweis auf den Inhalt der Erfahrung.

Sehen wir uns nun die reine Erfahrung einmal an. Was
enthält ſie, wie ſie an unſerem Bewußtſein vorüberzieht, ohne daß
wir ſie denkend bearbeiten? Sie iſt bloßes Nebeneinander im
Raume und Nacheinander in der Zeit; ein Aggregat aus lauter
zuſammenhangsloſen Einzelheiten. Keiner der Gegenſtände, die da
kommen und gehen, hat mit dem anderen etwas zu thun. Auf
dieſer Stufe ſind die Thatſachen, die wir wahrnehmen, die wir
innerlich durchleben, abſolut gleichgültig für einander.

Die Welt iſt da eine Mannigfaltigkeit von ganz gleichwertigen
Dingen. Kein Ding, kein Ereignis darf den Anſpruch erheben,
eine größere Rolle in dem Getriebe der Welt zu ſpielen als ein

anderes Glied der Erfahrungswelt. Soll uns klar werden, daß
diese oder jene Thatsache größere Bedeutung hat als eine andere,
so müssen wir die Dinge nicht bloß beobachten, sondern schon in
gedankliche Beziehung setzen. Das rudimentäre Organ eines Tieres,
das vielleicht nicht die geringste Bedeutung für dessen organische
Funktionen hat, ist für die Erfahrung ganz gleichwertig mit
dem wichtigsten Organe des Tierkörpers. Jene größere oder ge-
ringere Wichtigkeit wird uns eben erst klar, wenn wir über die
Beziehungen der einzelnen Glieder der Beobachtung nachdenken,
d. h. wenn wir die Erfahrung bearbeiten.

Für die Erfahrung ist die auf einer niedrigen Stufe der
Organisation stehende Schnecke gleichwertig mit dem höchst entwickelten Tiere. Der Unterschied in der Vollkommenheit der
Organisation erscheint uns erst, wenn wir die gegebene Mannigfaltigkeit begrifflich erfassen und durcharbeiten. Gleichwertig in
dieser Hinsicht sind auch die Kultur des Eskimo und jene des
gebildeten Europäers; Cäsars Bedeutung für die geschichtliche Entwicklung der Menschheit erscheint der **bloßen** Erfahrung nicht
größer als die eines seiner Soldaten. In der Litteraturgeschichte
ragt Goethe nicht über Gottsched empor, wenn es sich um die
bloße erfahrungsmäßige Thatsächlichkeit handelt.

Die Welt ist uns auf dieser Stufe der Betrachtung gedanklich eine vollkommen ebene Fläche. Kein Teil dieser Fläche ragt
über den anderen empor; keiner zeigt irgend einen gedanklichen
Unterschied von dem anderen. Erst wenn der Funke des Gedankens
in diese Fläche einschlägt, treten Erhöhungen und Vertiefungen ein,
erscheint das eine mehr oder minder weit über das andere empor-
ragend, formt sich alles in bestimmter Weise, schlingen sich Fäden
von einem Gebilde zum anderen; wird alles zu einer in sich vollkommenen Harmonie.

Wir glauben durch unsere Beispiele wohl hinlänglich gezeigt
zu haben, was wir unter jener größeren oder geringeren Bedeutung
der Wahrnehmungsgegenstände (hier gleichbedeutend genommen mit
Dingen der Erfahrung) verstehen, was wir uns unter jenem
Wissen denken, das erst entsteht, wenn wir diese Gegenstände im
Zusammenhange betrachten. Damit glauben wir zugleich vor
dem Einwande gesichert zu sein, daß unsere Erfahrungswelt ja
auch schon unendliche Unterschiede in ihren Objekten zeigt, bevor
das Denken an sie herantritt. Eine rote Fläche unterscheide sich

doch auch ohne Bethätigung des Denkens von einer grünen. Das ist richtig. Wer uns aber damit widerlegen wollte, hat unsere Behauptung vollständig mißverstanden. Das gerade behaupten wir ja, daß es eine unendliche Menge von Einzelheiten ist, die uns in der Erfahrung geboten wird. Diese Einzelheiten müssen natürlich von einander verschieden sein, sonst würden sie uns eben nicht als unendliche, zusammenhangslose Mannigfaltigkeit gegenübertreten. Von einer Unterschiedslosigkeit der wahrgenommenen Dinge ist gar nicht die Rede, sondern von ihrer vollständigen Beziehungslosigkeit, von der unbedingten Bedeutungslosigkeit der einzelnen sinnenfälligen Thatsache für das Ganze unseres Wirklichkeitsbildes. Gerade weil wir diese unendliche qualitative Verschiedenheit anerkennen, werden wir zu unseren Behauptungen gedrängt.

Träte uns eine in sich geschlossene, harmonisch gegliederte Einheit gegenüber, so könnten wir doch nicht von einer Gleichgültigkeit der einzelnen Glieder dieser Einheit in Bezug auf einander sprechen.

Wer unser oben gebrauchtes Gleichnis deswegen nicht entsprechend fände, hätte es nicht beim eigentlichen Vergleichungspunkte gefaßt. Es wäre freilich falsch, wenn wir die unendlich verschieden gestaltete Wahrnehmungswelt mit der einförmigen Gleichmäßigkeit einer Ebene vergleichen wollten. Aber unsere Ebene soll durchaus nicht die mannigfaltige Erscheinungswelt versinnlichen, sondern das einheitliche Gesamtbild, das wir von dieser Welt haben, solange das Denken nicht an sie herangetreten ist. Auf diesem Gesamtbilde erscheint nach der Bethätigung des Denkens jede Einzelheit nicht so, wie sie die bloßen Sinne vermitteln, sondern schon mit der Bedeutung, die sie für das Ganze der Wirklichkeit hat. Sie erscheint somit mit Eigenschaften, die ihr in der Form der Erfahrung vollständig fehlen.

Nach unserer Überzeugung ist es Johannes Volkelt vorzüglich gelungen, das in scharfen Umrissen zu zeichnen, was wir reine Erfahrung zu nennen berechtigt sind. Schon vor fünf Jahren in seinem Buche über „Kants Erkenntnistheorie"*) ist sie vortrefflich charakterisiert und in seiner neuesten Veröffentlichung: „Erfahrung und Denken"**) hat er die Sache dann weiter ausgeführt. Er hat

*) Johannes Volkelt, Immanuel Kants Erkenntnistheorie. Leipzig 1879.
**) Johannes Volkelt, Erfahrung und Denken. Kritische Grundlegung der Erkenntnistheorie. Hamburg und Leipzig 1886.

das nun freilich zur Unterſtützung einer Anſicht gethan, die von der unſerigen grundverſchieden iſt und in einer weſentlich anderen Abſicht als die unſere gegenwärtig iſt. Das kann uns aber nicht hindern, ſeine vorzügliche Charakteriſierung der reinen Erfahrung hieher zu ſetzen. Sie ſchildert uns einfach die Bilder, die in einem beſchränkten Zeitabſchnitte in völlig zuſammenhangsloſer Weiſe vor unſerem Bewußtſein vorüberziehen. Volkelt ſagt*): „Jetzt hat z. B. mein Bewußtſein die Vorſtellung, heute fleißig gearbeitet zu haben, zum Inhalte; unmittelbar daran knüpft ſich der Vorſtellungs= inhalt, mit gutem Gewiſſen ſpazieren gehen zu können; doch plötz= lich tritt das Wahrnehmungsbild der ſich öffnenden Thüre und des hereintretenden Briefträgers ein; das Briefträgerbild erſcheint bald handausſtreckend, bald mundöffnend, bald das Gegenteil thuend; zugleich verbinden ſich mit dem Wahrnehmungsinhalte des Mund= öffnens allerhand Gehörseindrücke, unter anderen auch einer, daß es draußen zu regnen anfange. Das Briefträgerbild verſchwindet aus meinem Bewußtſein, und die Vorſtellungen, die nun eintreten, haben der Reihe nach zu ihrem Inhalte: Ergreifen der Schere, Öffnen des Briefes, Vorwurf unleſerlichen Schreibens, Geſichts= bilder mannigfachſter Schriftzeichen, mannigfache ſich daran knüpfende Phantaſiebilder und Gedanken; kaum iſt dieſe Reihe vollendet, als wiederum die Vorſtellung, fleißig gearbeitet zu haben, und die mit Mißmut begleitete Wahrnehmung des fortfahrenden Regens ein= treten; doch beide verſchwinden aus meinem Bewußtſein, und es taucht eine Vorſtellung auf mit dem Inhalte, daß eine während des heutigen Arbeitens gelöſt geglaubte Schwierigkeit nicht gelöſt ſei; damit zugleich ſind die Vorſtellungen: Willensfreiheit, empiriſche Notwendigkeit, Verantwortlichkeit, Wert der Tugend, Unbegreiflich= keit u. ſ. w. eingetreten und verbinden ſich mit einander in der ver= ſchiedenartigſten, komplizierteſten Weiſe; und ähnlich geht es weiter."

Da haben wir für einen gewiſſen, beſchränkten Zeitabſchnitt das geſchildert, was wir wirklich erfahren, diejenige Form der Wirklichkeit, an der das Denken gar keinen Anteil hat.

Man darf nun durchaus nicht glauben, daß man zu einem anderen Reſultate gekommen wäre, wenn man ſtatt dieſer alltäg= lichen Erfahrung etwa die geſchildert hätte, die wir an einem wiſſenſchaftlichen Verſuche oder an einem beſonderen Naturphänomen machen. Hier wie dort ſind es einzelne zuſammenhangsloſe Bilder,

---

*) Kants Erkenntnistheorie S. 168 f.

die vor unserem Bewußtsein vorüberziehen. Erst das Denken stellt
den Zusammenhang her.

Das Verdienst, in scharfen Contouren gezeigt zu haben, was
uns eigentlich die von allem Gedanklichen entblößte Erfahrung
gibt, müssen wir auch dem Schriftchen „Gehirn und Bewußtsein“
von Dr. Richard Wahle (Wien 1884) zuerkennen; nur mit der
Einschränkung, daß, was Wahle als unbedingt gültige Eigenschaften der Erscheinungen der Außen- und Innenwelt hinstellt,
nur von der ersten Stufe der Weltbetrachtung gilt, die wir
charakterisiert haben. Wir wissen nach Wahle nur von einem
Nebeneinander im Raume und einem Nacheinander in der Zeit.
Von einem Verhältnisse der neben- oder nacheinander bestehenden
Dinge kann nach ihm gar keine Rede sein. Es mag z. B. immerhin irgendwo ein innerer Zusammenhang zwischen dem warmen
Sonnenstrahl und dem Erwärmen des Steines bestehen; wir
wissen nichts von einem ursächlichen Zusammenhange; uns wird
allein klar, daß auf die erste Thatsache die zweite folgt. Es mag
auch irgendwo, in einer uns unzugänglichen Welt, ein innerer
Zusammenhang zwischen unserem Gehirnmechanismus und unserer
geistigen Thätigkeit bestehen; wir wissen nur, daß beides parallel
verlaufende Vorkommnisse sind; wir sind durchaus nicht berechtigt,
z. B. einen Kausalzusammenhang beider Erscheinungen anzunehmen.

Wenn freilich Wahle diese Behauptung zugleich als letzte
Wahrheit der Wissenschaft hinstellt, so bestreiten wir diese Aus-
dehnung derselben; sie gilt aber vollkommen für die erste Form,
in der wir die Wirklichkeit gewahr werden.

Nicht nur die Dinge der Außen- und die Vorgänge der
Innenwelt stehen auf dieser Stufe unseres Wissens zusammen-
hangslos da, sondern auch unsere eigene Persönlichkeit ist eine
isolierte Einzelheit gegenüber der übrigen Welt. Wir finden uns
als eine der unzähligen Wahrnehmungen ohne Beziehung zu den
Gegenständen, die uns umgeben.

----

6. Berichtigung einer irrigen Auffassung der Gesamt-Erfahrung.

Hier ist nun der Ort, auf ein seit Kant bestehendes Vorurteil hinzuweisen, das sich bereits in gewissen Kreisen so eingelebt
hat, daß es als Axiom gilt. Jeder, der es bezweifeln wollte,

würde als ein Dilettant hingestellt, als ein Mensch, der nicht über die elementarsten Begriffe moderner Wissenschaft hinausgekommen ist. Ich meine die Ansicht, als ob es von vornherein feststünde, daß die gesamte Wahrnehmungswelt, diese unendliche Mannigfaltigkeit von Farben und Formen, von Tönen und Wärmedifferenzen 2c. nichts weiter sei als unsere subjektive Vorstellungswelt, die nur Bestand habe, solange wir unsere Sinne den Einwirkungen einer uns unbekannten Welt offen halten. Die ganze Erscheinungswelt wird von dieser Ansicht für eine Vorstellung innerhalb unseres individuellen Bewußtseins erklärt, und auf Grundlage dieser Voraussetzung baut man weitere Behauptungen über die Natur des Erkennens auf. Auch Volkelt hat sich dieser Ansicht angeschlossen und seine in Bezug auf die wissenschaftliche Durchführung meisterhafte Erkenntnistheorie darauf gegründet. Dennoch ist das keine Grundwahrheit und am wenigsten dazu berufen, an der Spitze der Erkenntniswissenschaft zu stehen.

Man mißverstehe uns nur ja nicht. Wir wollen nicht gegen die physiologischen Errungenschaften der Gegenwart einen gewiß ohnmächtigen Protest erheben. Was aber physiologisch vollkommen gerechtfertigt ist, das ist deshalb noch lange nicht berufen, an die Pforte der Erkenntnistheorie gestellt zu werden. Es mag als eine unumstößliche physiologische Wahrheit gelten, daß erst durch die Mitwirkung unseres Organismus der Komplex von Empfindungen und Anschauungen entsteht, den wir Erfahrung nannten. Es bleibt doch sicher, daß eine solche Erkenntnis erst das Resultat vieler Erwägungen und Forschungen sein kann. Dieses Charakteristikon, daß unsere Erscheinungswelt in physiologischem Sinne subjektiver Natur ist, ist schon eine gedankliche Bestimmung derselben; hat also ganz und gar nichts zu thun mit ihrem ersten Auftreten. Es setzt schon die Anwendung des Denkens auf die Erfahrung voraus. Es muß ihm daher die Untersuchung des Zusammenhanges dieser beiden Faktoren des Erkennens vorausgehen.

Man glaubt sich mit jener Ansicht erhaben über die vorkantsche „Naivität", die die Dinge im Raume und in der Zeit für Wirklichkeiten hielt, wie es der naive Mensch, der keine wissenschaftliche Bildung hat, heute noch thut.

Volkelt behauptet: „Daß alle Akte, die darauf Anspruch machen, ein objektives Erkennen zu sein, unabtrennbar an das erkennende, individuelle Bewußtsein gebunden sind, daß sie sich zunächst und unmittelbar nirgends anderswo als im Bewußtsein des Individuums vollziehen und daß sie über das Gebiet des Individuums hinauszugreifen und das Gebiet des draußen liegenden Wirklichen zu fassen oder zu betreten völlig außer stande sind."*)

Nun ist es aber doch für ein unbefangenes Denken ganz unerfindlich, was die unmittelbar an uns herantretende Form der Wirklichkeit (die Erfahrung) an sich trage, das uns irgendwie berechtigen könnte, sie als bloße Vorstellung zu bezeichnen.

Schon die einfache Erwägung, daß der naive Mensch gar nichts an den Dingen bemerkt, was ihn auf diese Ansicht bringen könnte, lehrt uns, daß in den Objekten selbst ein zwingender Grund zu dieser Annahme nicht liegt. Was trägt ein Baum, ein Tisch an sich, was mich dazu verleiten könnte, ihn als bloßes Vorstellungsgebilde anzusehen? Zum mindesten darf das also nicht wie eine selbstverständliche Wahrheit hingestellt werden.

Indem Volkelt das letztere thut, verwickelt er sich in einen Widerspruch mit seinen eigenen Grundprincipien. Nach unserer Überzeugung mußte er der von ihm erkannten Wahrheit, daß die Erfahrung nichts enthalte als ein zusammenhangloses Chaos von Bildern ohne jegliche gedankliche Bestimmung, untreu werden, um die subjektive Natur derselben Erfahrung behaupten zu können. Er hätte sonst einsehen müssen, daß das Subjekt des Erkennens, der Betrachter, ebenso beziehungslos innerhalb der Erfahrungswelt dasteht, wie ein beliebiger anderer Gegenstand derselben. Legt man aber der wahrgenommenen Welt das Prädikat subjektiv bei, so ist das ebenso eine gedankliche Bestimmung, wie wenn man den fallenden Stein für die Ursache des Eindruckes im Boden ansieht. Volkelt selbst will doch aber keinerlei Zusammenhang der Erfahrungsdinge gelten lassen. Da liegt der Widerspruch seiner Anschauung, da wurde er seinem Principe, das er von der reinen Erfahrung ausspricht, untreu. Er schließt sich dadurch in seine Individualität ein und ist nicht mehr imstande, aus derselben herauszukommen. Ja, er giebt das rücksichtslos zu. Es bleibt für ihn alles zweifelhaft, was über die abgerissenen Bilder der Wahrnehmungen hinausliegt. Zwar bemüht sich, nach seiner Ansicht, unser Denken von dieser Vorstellungswelt aus auf eine objektive Wirklichkeit zu schließen; allein alles Hinausgehen über dieselbe kann uns zu keinen wirklich gewissen Wahrheiten führen.

*) Sieh Volkelt, Erfahrung und Denken, S. 4.

Thatsächlichkeit. (handwritten annotation)

Alles Wissen, das wir durch das Denken gewinnen, ist nach Volkelt vor dem Zweifel nicht geschützt. Es kommt in keiner Weise an Gewißheit der unmittelbaren Erfahrung gleich. Diese allein liefert ein nicht zu bezweifelndes Wissen. Wir haben gesehen was für ein mangelhaftes.

Doch das alles kommt nur daher, daß Volkelt der sinnenfälligen Wirklichkeit (Erfahrung) eine Eigenschaft beilegt, die ihr in keiner Weise zukommen kann und dann auf dieser Voraussetzung seine weiteren Annahmen aufbaut.

Wir mußten auf die Schrift von Volkelt besondere Rücksicht nehmen, weil sie die bedeutendste Leistung der Gegenwart auf diesem Gebiete ist und auch deshalb, weil sie als Typus für alle erkenntnistheoretischen Bemühungen gelten kann, die der von uns auf Grundlage der Goetheschen Weltanschauung vertretenen Richtung principiell gegenüberstehen.

---

7. Berufung auf die Erfahrung jedes einzelnen Lesers.

Wir wollen den Fehler vermeiden, dem unmittelbar Gegebenen, der ersten Form des Auftretens der Außen- und Innenwelt, von vornherein eine Eigenschaft beizulegen und so auf Grund einer Voraussetzung unsere Ausführungen zur Geltung bringen. Ja wir bestimmen die Erfahrung geradezu als dasjenige, an dem unser Denken gar keinen Anteil hat. Von einem gedanklichen Irrtum kann also am Anfange unserer Ausführungen nicht die Rede sein.

Gerade darin besteht der Grundfehler vieler wissenschaftlicher Bestrebungen, namentlich der Gegenwart, daß sie glauben die reine Erfahrung wiederzugeben, während sie nur die von ihnen selbst in dieselbe hineingelegten Begriffe wieder herauslesen. Nun kann man uns ja einwenden, daß auch wir der reinen Erfahrung eine Menge von Attributen beigelegt haben. Wir bezeichneten sie als unendliche Mannigfaltigkeit, als ein Aggregat zusammenhangsloser Einzelheiten u. s. w. Sind das denn nicht auch gedankliche Bestimmungen? In dem Sinne, wie wir sie gebrauchten, gewiß nicht. Wir haben uns dieser Begriffe nur bedient, um den Blick des Lesers auf die gedankenfreie Wirklichkeit zu lenken. Wir wollen diese Begriffe der Erfahrung nicht beilegen; wir bedienen

2*

uns ihrer nur, um die Aufmerksamkeit auf jene Form der Wirk=
lichkeit zu lenken, die jedes Begriffes bar ist.

Alle wissenschaftlichen Untersuchungen müssen ja mittelst der
Sprache vollführt werden, und die kann wieder nur Begriffe aus=
drücken. Aber es ist doch etwas wesentlich anderes, ob man gewisse
Worte braucht, um diese oder jene Eigenschaft einem Dinge direkt
zuzusprechen oder ob man sich ihrer nur bedient, um den Blick
des Lesers oder Zuhörers auf einen Gegenstand zu lenken. Wenn
wir uns eines Vergleiches bedienen dürften, so würden wir etwa
sagen: Ein anderes ist es, wenn A zu B sagte: „betrachte jenen
Menschen im Kreise seiner Familie und du wirst ein wesentlich
anderes Urteil über ihn gewinnen, als wenn du ihn nur in seiner
Amtsgebahrung kennen lernst"; ein andres ist es, wenn er sagt:
„jener Mensch ist ein vortrefflicher Familienvater". Im ersten Falle
wird die Aufmerksamkeit des B in einem gewissen Sinne gelenkt,
er wird darauf hingewiesen, eine Persönlichkeit unter gewissen Um=
ständen zu beurteilen. Im zweiten Falle wird dieser Persönlichkeit
einfach eine bestimmte Eigenschaft beigelegt, also eine Behauptung
aufgestellt. Sowie hier der erste Fall zum zweiten, so soll sich
unser Anfang in dieser Schrift zu dem ähnlicher Erscheinungen der
Litteratur verhalten. Wenn irgendwo durch die notwendige Stili=
sierung oder um der Möglichkeit, sich auszudrücken, willen, die
Sache scheinbar anders ist, so bemerken wir hier ausdrücklich, daß
unsere Ausführungen nur den hier auseinandergesetzten Sinn
haben und weit entfernt sind von dem Anspruche, irgend welche
von den Dingen selbst geltende Behauptung vorgebracht zu haben.

Wenn wir nun für die erste Form, in der wir die Wirk=
lichkeit beobachten, einen Namen haben wollten, so glauben wir
wohl den der Sache am angemessensten in dem Ausdrucke: Er=
scheinung für die Sinne zu finden. Wir verstehen da unter
Sinn nicht bloß die äußeren Sinne, die Vermittler der Außen=
welt, sondern überhaupt alle leiblichen und geistigen Organe, die
der Wahrnehmung der unmittelbaren Thatsachen dienen. Es ist
ja eine in der Psychologie ganz gebräuchliche Benennung: innerer
Sinn für das Wahrnehmungsvermögen der inneren Erlebnisse.

Mit dem Worte Erscheinung aber wollen wir einfach ein
für uns wahrnehmbares Ding oder einen wahrnehmbaren Vor=
gang bezeichnen, insoferne dieselben im Raume oder in der Zeit
auftreten.

Wir müssen hier nun noch eine Frage anregen, die uns zu dem zweiten Faktor, den wir behufs der Erkenntniswissenschaft zu betrachten haben, führen soll, zu dem Denken.

Ist die Art, wie uns die Erfahrung bisher bekannt geworden ist, als etwas im Wesen der Sache Begründetes anzusehen? Ist sie eine Eigenschaft der Wirklichkeit?

Von der Beantwortung dieser Frage hängt sehr viel ab. Ist nämlich diese Art eine wesentliche Eigenschaft der Erfahrungsdinge, etwas, was ihnen im wahrsten Sinne des Wortes ihrer Natur nach zukommt, dann ist nicht abzusehen, wie man überhaupt je diese Stufe des Erkennens überschreiten soll. Man müßte sich einfach darauf verlegen, alles, was wir wahrnehmen, in zusammenhangslosen Notizen aufzuzeichnen und eine solche Notizensammlung wäre unsere Wissenschaft. Denn, was sollte alles Forschen nach dem Zusammenhange der Dinge, wenn die, ihnen in der Form der Erfahrung zukommende, vollständige Isoliertheit ihre wahre Eigenschaft wäre?

Ganz anders verhielte es sich, wenn wir es in dieser Form der Wirklichkeit nicht mit deren Wesen, sondern nur mit ihrer ganz unwesentlichen Außenseite zu thun hätten, wenn wir nur eine Hülle von dem wahren Wesen der Welt vor uns hätten, die uns das letztere verbirgt und uns auffordert, weiter nach demselben zu forschen. Wir müßten dann darnach trachten, diese Hülle zu durchdringen. Wir müßten von dieser ersten Form der Welt ausgehen, um uns ihrer wahren (wesentlichen) Eigenschaften zu bemächtigen. Wir müßten die Erscheinung für die Sinne überwinden, um daraus eine höhere Erscheinungsform zu entwickeln. — Die Antwort auf diese Frage ist in den folgenden Untersuchungen gegeben.

C. Das Denken.

8. Das Denken als höhere Erfahrung in der Erfahrung.

Wir finden innerhalb des zusammenhangslosen Chaos der Erfahrung, und zwar zunächst auch als Erfahrungsthatsache, ein Element, das uns über die Zusammenhangslosigkeit hinausführt. Es ist das Denken. Das Denken nimmt schon als eine Erfahrungsthatsache innerhalb der Erfahrung eine Ausnahmestellung ein.

Bei der übrigen Erfahrungswelt komme ich, wenn ich bei dem stehen bleibe, was meinen Sinnen unmittelbar vorliegt, nicht über die Einzelheiten hinaus. Angenommen: Ich habe eine Flüssigkeit vor mir, die ich zum Sieden bringe. Dieselbe ist erst ruhig, dann sehe ich Dampfblasen aufsteigen, sie gerät in Bewegung, und endlich geht sie in Dampfform über. Das sind die einzelnen aufeinanderfolgenden Wahrnehmungen. Ich mag die Sache drehen und wenden, wie ich will; wenn ich dabei stehen bleibe, was mir die Sinne liefern, so finde ich keinen Zusammenhang der Thatsachen. Beim Denken ist das nicht der Fall. Wenn ich z. B. den Gedanken der Ursache fasse, so führt mich dieser durch seinen eigenen Inhalt zu dem der Wirkung. Ich brauche die Gedanken nur in jener Form festzuhalten, in der sie in unmittelbarer Erfahrung auftreten, und sie erscheinen schon als gesetzmäßige Bestimmungen.

Was bei der übrigen Erfahrung erst anderswo hergeholt werden muß, wenn es überhaupt auf sie anwendbar ist, der gesetzliche Zusammenhang, ist im Denken schon in seinem allererstens Auftreten vorhanden. Bei der übrigen Erfahrung prägt sich nicht die ganze Sache schon in dem aus, was als Erscheinung vor meinem Bewußtsein auftritt; beim Denken geht die ganze

Sache ohne Rückstand in dem mir Gegebenen auf. Dort muß ich erst die Hülle durchdringen, um auf den Kern zu kommen, hier ist Hülle und Kern eine ungetrennte Einheit. Es ist nur eine allgemein-menschliche Befangenheit, wenn uns das Denken zuerst ganz analog der übrigen Erfahrung erscheint. Wir brauchen bei ihm bloß diese unsere Befangenheit zu überwinden. Bei der übrigen Erfahrung müssen wir eine in der Sache liegende Schwierigkeit lösen.

Im Denken ist dasjenige, was wir bei der übrigen Erfahrung suchen, selbst unmittelbare Erfahrung geworden.

Darin ist die Lösung einer Schwierigkeit gegeben, die auf andere Weise wohl kaum gelöst werden wird. Bei der Erfahrung stehen zu bleiben ist eine berechtigte wissenschaftliche Forderung. Nicht weniger aber ist eine solche die Aufsuchung der inneren Gesetzmäßigkeit der Erfahrung. Es muß also dieses Innere selbst an einer Stelle der Erfahrung als solche auftreten. Die Erfahrung wird so mit Hilfe ihrer selbst vertieft. Unsere Erkenntnistheorie erhebt die Forderung der Erfahrung in der höchsten Form, sie weist jeden Versuch zurück, etwas von außen in die Erfahrung hineinzutragen. Die Bestimmungen des Denkens findet sie selbst innerhalb der Erfahrung. Die Art, wie das Denken in die Erscheinung eintritt, ist dieselbe wie bei der übrigen Erfahrungswelt.

Das Princip der Erfahrung wird zumeist in seiner Trag= weite und eigentlichen Bedeutung verkannt. In seiner schroffsten Form ist es die Forderung, die Gegenstände der Wirklichkeit in der ersten Form ihres Auftretens zu belassen und sie nur so zu Objekten der Wissenschaft zu machen. Das ist ein rein methodi= sches Princip. Es sagt über den Inhalt dessen, was erfahren wird, gar nichts aus. Wollte man behaupten, daß nur die Wahrnehmungen der Sinne Gegenstand der Wissenschaft sein können, wie das der Materialismus thut, so dürfte man sich auf dieses Princip nicht stützen. Ob der Inhalt sinnlich oder ideell ist, darüber fällt dieses Princip kein Urteil. Soll es aber in einem bestimmten Falle in der erwähnten schroffsten Form an= wendbar sein, dann macht es allerdings eine Voraussetzung. Es fordert nämlich, daß die Gegenstände, wie sie erfahren werden, schon eine Form haben, die dem wissenschaftlichen Streben genügt.

Bei der Erfahrung der äußeren Sinne ist das, wie wir gesehen haben, nicht der Fall. Es findet nur beim Denken statt. Nur beim Denken kann das Princip der Erfahrung in seiner extremsten Bedeutung angewendet werden.

Das schließt nicht aus, daß das Princip auch auf die übrige Welt ausgedehnt wird. Es hat ja noch andere als seine extremste Form. Wenn wir einen Gegenstand behufs wissenschaftlicher Erklärung nicht so belassen können, wie er unmittelbar wahrgenommen wird, so kann diese Erklärung ja immerhin so geschehen, daß die Mittel, die sie beansprucht, aus anderen Gebieten der Erfahrungswelt herbeigezogen werden. Da haben wir das Gebiet der „Erfahrung überhaupt" ja doch nicht überschritten.

Eine im Sinne der Goetheschen Weltanschauung begründete Erkenntniswissenschaft legt das Hauptgewicht darauf, daß sie dem Principe der Erfahrung durchaus treu bleibt. Niemand hat wie Goethe die ausschließliche Geltung dieses Principes erkannt. Er vertrat das Princip ganz so strenge, wie wir es oben gefordert. Alle höheren Ansichten über die Natur durften ihm als nichts denn als Erfahrung erscheinen. Sie sollten „höhere Natur innerhalb der Natur"*) sein.

In dem Aufsatze: „die Natur" sagt er, wir seien unvermögend aus der Natur herauszukommen. Wollen wir uns also in diesem seinen Sinne über dieselbe aufklären, so müssen wir dazu innerhalb derselben die Mittel finden.

Wie könnte man aber eine Wissenschaft des Erkennens auf das Erfahrungsprincip gründen, wenn wir nicht an irgend einem Punkte der Erfahrung selbst das Grundelement aller Wissenschaftlichkeit, die ideelle Gesetzmäßigkeit fänden. Wir brauchen dieses Element, wie wir gesehen haben, nur aufzunehmen; wir brauchen uns nur in dasselbe zu vertiefen. Denn es findet sich in der Erfahrung.

Tritt nun das Denken wirklich in einer Weise an uns heran, wird es unserer Individualität so bewußt, daß wir mit vollem Rechte die oben hervorgehobenen Merkmale für dasselbe in Anspruch nehmen dürfen? Jedermann, der seine Aufmerksamkeit auf diesen Punkt richtet, wird finden, daß ein wesentlicher Unterschied zwischen der Art besteht, wie eine äußere Erscheinung der

---

*) Sieh Goethes „Dichtung und Wahrheit" (XXII. 24 f.).

finnenfälligen Wirklichkeit, ja selbst wie ein anderer Vorgang unseres Geisteslebens bewußt wird, und jener, wie wir unseres eigenen Denkens gewahr werden. Im ersten Falle sind wir uns bestimmt bewußt, daß wir einem fertigen Dinge gegenübertreten; fertig nämlich insoweit, als es Erscheinung geworden ist, ohne daß wir auf dieses Werden einen bestimmenden Einfluß ausgeübt haben. Anders ist das beim Denken. Das erscheint nur für den ersten Augenblick der übrigen Erfahrung gleich. Wenn wir irgend einen Gedanken fassen, so wissen wir, bei aller Unmittel= barkeit, mit der er in unser Bewußtsein eintritt, daß wir mit seiner Entstehungsweise innig verknüpft sind. Wenn ich irgend einen Einfall habe, der mir ganz plötzlich gekommen ist und dessen Auftreten daher in gewisser Hinsicht ganz dem eines äußeren Er= eignisses gleichkommt, das mir Augen und Ohren erst vermitteln müssen: so weiß ich doch immerhin, daß das Feld, auf dem dieser Gedanke zur Erscheinung kommt, mein Bewußtsein ist; ich weiß, daß meine Thätigkeit erst in Anspruch genommen werden muß, um den Einfall zur Thatsache werden zu lassen. Bei jedem äußeren Objekte bin ich gewiß, daß es meinen Sinnen zunächst nur seine Außenseite zuwendet; beim Gedanken weiß ich genau, daß das, was er mir zuwendet zugleich sein alles ist, daß er als in sich vollendete Ganzheit in mein Bewußtsein eintritt. Die äußeren Triebkräfte, die wir bei einem Sinnenobjekte stets voraus= setzen müssen, sind beim Gedanken nicht vorhanden. Sie sind es ja, denen wir es zuschreiben müssen, daß uns die Sinnes= erscheinung als etwas Fertiges entgegentritt; ihnen müssen wir das Werden derselben zurechnen. Beim Gedanken bin ich mir klar, daß jenes Werden ohne meine Thätigkeit nicht möglich ist. Ich muß den Gedanken durcharbeiten, muß seinen Inhalt nachschaffen, muß ihn innerlich durchleben bis in seine kleinsten Teile, wenn er überhaupt irgend welche Bedeutung für mich haben soll.

Wir haben bisher nun folgende Wahrheiten gewonnen. Auf der ersten Stufe der Weltbetrachtung tritt uns die gesamte Wirk= lichkeit als zusammenhangsloses Aggregat entgegen, das Denken ist innerhalb dieses Chaos eingeschlossen. Durchwandern wir diese Mannigfaltigkeit, so finden wir ein Glied in derselben, welches schon in dieser ersten Form des Auftretens jenen Charakter hat, den die übrigen erst gewinnen sollen. Dieses Glied ist das Denken. Was bei der übrigen Erfahrung zu überwinden ist, die Form des unmittelbaren Auftretens, das gerade ist beim Denken festzuhalten. Diesen in seiner ursprünglichen Gestalt zu belassenden Faktor der Wirklichkeit finden wir in unserem Bewußtsein und sind mit ihm dergestalt verbunden, daß die Thätigkeit unseres Geistes zu= gleich die Erscheinung dieses Faktors ist. Es ist eine und dieselbe Sache von zwei Seiten betrachtet. Diese Sache ist der Gedankengehalt der Welt. Das eine Mal erscheint er als Thätig= keit unseres Bewußtseins, das andere Mal als unmittel= bare Erscheinung einer in sich vollendeten Gesetzmäßig= keit, ein in sich bestimmter ideeller Inhalt. Wir werden alsbald sehen, welche Seite die größere Wichtigkeit hat.

Deshalb nun, weil wir innerhalb des Gedankeninhaltes stehen, denselben in allen seinen Bestandteilen durchdringen, sind wir imstande, dessen eigenste Natur wirklich zu erkennen. Die Art, wie er an uns herantritt, ist eine Bürgschaft dafür, daß ihm die Eigenschaften, die wir ihm vorhin beigelegt haben, wirklich zu= kommen. Er kann also gewiß als Ausgangspunkt für jede weitere Art der Weltbetrachtung dienen. Seinen wesentlichen Charakter können wir aus ihm selbst entnehmen; wollen wir den der übrigen Dinge gewinnen, so müssen wir von ihm aus unsere Untersuchungen beginnen. Wir wollen uns gleich deutlicher aussprechen. Da wir nur im Denken eine wirkliche Gesetzmäßigkeit, eine ideelle Bestimmtheit erfahren, so muß die Gesetzmäßigkeit der übrigen Welt, die wir nicht an dieser selbst erfahren, auch schon im Denken eingeschlossen liegen. Mit andern Worten: Erscheinung für die Sinne und Denken stehen einander in der Erfahrung gegenüber. Jene giebt uns aber über ihr eigenes Wesen keinen Aufschluß; dieses giebt uns denselben zugleich über sich selbst und über das Wesen jener Erscheinung für die Sinne.

---

9. Denken und Bewußtsein.

Nun aber scheint es, als ob wir hier das subjektivistische Element, das wir doch so entschieden von unserer Erkenntnistheorie fernhalten wollten, selbst einführten. Wenn schon nicht die übrige Wahrnehmungswelt — könnte man aus unseren Auseinandersetzungen herauslesen — so trage doch der Gedanke, selbst nach unserer Ansicht, einen subjektiven Charakter.

Dieſer Einwand beruht auf einer Verwechslung des Schau=
plaßes unſerer Gedanken mit jenem Elemente, von dem ſie ihre
inhaltlichen Beſtimmungen, ihre innere Geſeßlichkeit erhalten. Wir
probuzieren einen Gedankeninhalt durchaus nicht ſo, daß wir in
dieſer Produktion beſtimmten, welche Verbindungen unſere Gedanken
einzugehen haben. Wir geben nur die Gelegenheitsurſache her, daß
ſich der Gedankeninhalt ſeiner eigenen Natur gemäß entfalten
kann. Wir faſſen den Gedanken a und den Gedanken b und geben
.denſelben Gelegenheit, in eine geſeßmäßige Verbindung einzugehen,
indem wir ſie mit einander in Wechſelwirkung bringen. Nicht
unſere ſubjektive Organiſation iſt es, die dieſen Zuſammenhang
von a und b in einer gewiſſen Weiſe beſtimmt, ſondern der
Inhalt von a und b ſelbſt iſt das allein Beſtimmende. Daß
ſich a zu b gerade in einer beſtimmten Weiſe verhält und nicht
anders, darauf haben wir nicht den mindeſten Einfluß. Unſer
Geiſt vollzieht die Zuſammenſetzung der Gedankenmaſſen
nur nach Maßgabe ihres Inhaltes. Wir erfüllen alſo im
Denken das Erfahrungsprincip in ſeiner ſchroffſten Form.

Damit iſt die Anſicht Kants und Schopenhauers und im
weiteren Sinne auch Fichtes widerlegt, daß die Geſeße, die wir
behufs Erklärung der Welt annehmen, nur ein Reſultat unſerer
eigenen geiſtigen Organiſation ſeien, daß wir ſie nur vermöge
unſerer geiſtigen Individualität in die Welt hineinlegen.

Man könnte vom ſubjektiviſtiſchen Standpunkte aus noch
etwas einwenden. Wenn ſchon der geſeßliche Zuſammenhang der
Gedankenmaſſen von uns nicht nach Maßgabe unſerer Organiſation
vollzogen wird, ſondern von ihrem Inhalte abhängt, ſo könnte
doch eben dieſer Inhalt ein rein ſubjektives Produkt, eine bloße
Qualität unſeres Geiſtes ſein; ſo daß wir nur Elemente verbinden
würden, die wir erſt ſelbſt erzeugten. Dann wäre unſere Gedanken=
welt nicht minder ein ſubjektiver Schein. Dieſem Einwande iſt
aber ganz leicht zu begegnen. Wir würden nämlich, wenn er be=
gründet wäre, den Inhalt unſeres Denkens nach Geſeßen ver=
knüpfen, von denen wir wahrhaftig nicht wüßten, wo ſie herkommen.
Wenn dieſelben nicht aus unſerer Subjektivität entſpringen, was
wir vorhin doch in Abrede ſtellten und jeßt als abgethan be=
trachten können, was ſoll uns denn Verknüpfungsgeſeße für einen
Inhalt liefern, den wir ſelbſt erzeugen?

Unſere Gedankenwelt iſt alſo eine völlig auf ſich ſelbſt ge=

baute Wesenheit, eine in sich selbst geschlossene, in sich vollkommene und vollendete Ganzheit. Wir sehen hier, welche von den zwei Seiten der Gedankenwelt die wesentliche ist: die objektive ihres Inhaltes und nicht die subjektive ihres Auftretens.

Am klarsten tritt diese Einsicht in die innere Gediegenheit und Vollkommenheit des Denkens in dem wissenschaftlichen Systeme Hegels auf. Keiner hat in dem Grade, wie er, dem Denken eine so vollkommene Macht zugetraut, daß es aus sich heraus eine Weltanschauung begründen könne. Hegel hat ein absolutes Ver= trauen auf das Denken, ja es ist der einzige Wirklichkeitsfaktor, dem er im wahren Sinne des Wortes vertraut. So richtig seine Ansicht im allgemeinen auch ist, so ist es aber gerade er, der das Denken durch die allzuschroffe Form, in der er es verteidigt, um alles Ansehen gebracht hat. Die Art, wie er seine Ansicht vor= gebracht hat, ist schuld an der heillosen Verwirrung, die in unser „Denken über das Denken" gekommen ist. Er hat die Bedeutung des Gedankens, der Idee, so recht anschaulich machen wollen da= durch, daß er die Denknotwendigkeit zugleich als die Notwendigkeit der Thatsachen bezeichnete. Damit hat er den Irrtum hervor= gerufen, daß die Bestimmungen des Denkens nicht rein ideelle seien, sondern thatsächliche. Man faßte seine Ansicht bald so auf, als ob er in der Welt der sinnenfälligen Wirklichkeit selbst den Gedanken wie eine Sache gesucht hätte. Er hat das wohl auch nie so ganz klar gelegt. Es muß eben festgestellt werden, daß das Feld des Gedankens einzig das menschliche Bewußtsein ist. Dann muß gezeigt werden, daß durch diesen Umstand die Gedankenwelt nichts an Objektivität einbüßt. Hegel kehrte nur die objektive Seite des Gedankens hervor, die Mehrheit aber sieht, weil dies leichter ist, nur die subjektive; und es dünkt ihr, daß jener etwas rein Ideelles wie eine Sache behandelt, mystifiziert habe. Selbst viele Gelehrte der Gegenwart sind von diesem Irr= tum nicht freizusprechen. Sie verdammen Hegel wegen eines Mangels, den er nicht an sich hat, den man aber freilich in ihn hineinlegen kann, weil er die betreffende Sache zu wenig klar= gestellt hat.

Wir geben zu, daß hier für unser Urteilsvermögen eine Schwierigkeit vorliegt. Wir glauben aber, daß dieselbe für jedes energische Denken zu überwinden ist. Wir müssen uns zweierlei vorstellen: einmal, daß wir die ideelle Welt thätig zur Erscheinung

bringen und zugleich, daß das, was wir thätig ins Dasein rufen,
auf seinen eigenen Gesetzen beruht. Wir sind nun freilich
gewohnt, uns eine Erscheinung so vorzustellen, daß wir ihr nur
passiv, beobachtend gegenüberzutreten brauchten. Allein das ist kein
unbedingtes Erfordernis. So ungewohnt uns die Vorstellung sein
mag, daß wir selbst ein Objektives thätig zur Erscheinung bringen,
daß wir m. a. W. eine Erscheinung nicht bloß wahrnehmen, sondern
zugleich produzieren; sie ist keine unstatthafte.

Man braucht einfach die gewöhnliche Meinung aufzugeben,
daß es so viele Gedankenwelten gibt als menschliche Individuen.
Diese Meinung ist ohnehin nichts weiter als ein althergebrachtes
Vorurteil. Sie wird überall stillschweigend vorausgesetzt, ohne
Bewußtsein, daß eine andere zum mindesten ebensogut möglich ist
und daß die Gründe der Gültigkeit der einen oder der andern
denn doch erst erwogen werden müssen. Man denke sich an Stelle
dieser Meinung einmal die folgende gesetzt: es gibt überhaupt
nur einen einzigen Gedankeninhalt und unser individuelles
Denken sei weiter nichts als ein Hineinarbeiten unseres Selbstes,
unserer individuellen Persönlichkeit in das Gedankencentrum
der Welt. Ob diese Ansicht richtig ist oder nicht, das zu unter=
suchen ist hier nicht der Ort; aber möglich ist sie und wir haben
erreicht, was wir wollten; nämlich gezeigt, daß es immerhin ganz
gut angeht, die von uns als notwendig hingestellte Objektivität des
Denkens auch anderweitig als widerspruchslos erscheinen zu lassen.

—— In Anbetracht der Objektivität läßt sich die Arbeit des Denkers
ganz gut mit der des Mechanikers vergleichen. Wie dieser die
Kräfte der Natur in ein Wechselspiel bringt und dadurch eine
zweckmäßige Thätigkeit und Kraftäußerung herbeiführt, so läßt
der Denker die Gedankenmassen in lebendige Wechselwirkung treten,
und sie entwickeln sich zu den Gedankensystemen, die unsere Wissen=
schaften ausmachen.

Durch nichts wird eine Anschauung besser beleuchtet als durch
die Aufdeckung der ihr entgegenstehenden Irrtümer. Wir wollen
hier diese von uns schon wiederholt mit Vorteil angewendete
Methode wieder anrufen.

Man glaubt gewöhnlich, wir verbinden gewisse Begriffe des=
halb zu größeren Komplexen, oder wir denken überhaupt in einer
gewissen Weise deshalb, weil wir einen gewissen inneren (logischen)
Zwang verspüren, dies zu thun. Auch Volkelt hat sich dieser An=

ſicht angeſchloſſen. Wie ſtimmt ſie aber zu der durchſichtigen
Klarheit, mit der unſere ganze Gedankenwelt in unſerem Be=
wußtſein gegenwärtig iſt. Wir kennen überhaupt nichts in der
Welt genauer als unſere Gedanken. Soll da nun ein gewiſſer
Zuſammenhang auf Grund eines inneren Zwanges hergeſtellt
werden, wo alles ſo klar iſt? Was brauche ich den Zwang,
wenn ich die Natur des zu Verbindenden kenne, durch und durch
kenne, und mich alſo nach ihr richten kann. Alle unſere Gedanken=
operationen ſind Vorgänge, die ſich vollziehen auf Grund der
Einſicht in die Weſenheiten der Gedanken und nicht nach Maß=
gabe eines Zwanges. Ein ſolcher Zwang widerſpricht der Natur
des Denkens.

Es könnte immerhin ſein, daß es zwar im Weſen des Denkens
liege, in ſeine Erſcheinung zugleich ſeinen Inhalt einzuprägen,
daß wir den letzteren aber trotzdem vermöge der Organiſation
unſeres Geiſtes nicht unmittelbar wahrnehmen können. Das iſt
aber nicht der Fall. Die Art, wie der Gedankeninhalt an uns
herantritt, iſt uns eine Bürgſchaft dafür, daß wir hier das Weſen
der Sache vor uns haben. Wir ſind uns ja bewußt, daß wir
jeden Vorgang innerhalb der Gedankenwelt mit unſerem Geiſte
begleiten. Man kann ſich doch nur denken, daß die Erſcheinungs=
form von dem Weſen der Sache bedingt iſt. Wie ſollten wir
die Erſcheinungsform nachſchaffen, wenn wir das Weſen der
Sache nicht kennten. Man kann ſich wohl denken, daß uns die
Erſcheinungsform als fertiges Ganze gegenübertritt und wir dann
den Kern derſelben ſuchen. Man kann aber durchaus nicht der
Anſicht ſein, daß man zur Hervorbringung der Erſcheinung
mitwirkt, ohne dieſes Hervorbringen von dem Kerne heraus zu
bewirken.

10. Innere Natur des Denkens.

Wir treten dem Denken noch um einen Schritt näher. Bis=
her haben wir bloß die Stellung desſelben zu der übrigen Er=
fahrungswelt betrachtet. Wir ſind zu der Anſicht gekommen, daß
es innerhalb derſelben eine ganz bevorzugte Stellung einnimmt,
daß es eine centrale Rolle ſpielt. Davon wollen wir jetzt
abſehen. Wir wollen uns hier nur auf die innere Natur des
Denkens beſchränken. Wir wollen den ſelbſteigenen Charakter der

Gedankenwelt unterſuchen, um zu erfahren, wie ein Gedanke von dem andern abhängt; wie die Gedanken zu einander ſtehen. Daraus erſt werden ſich uns die Mittel ergeben, Aufſchluß über die Frage zu gewinnen: was iſt überhaupt Erkennen? Oder mit andern Worten: Was heißt es, ſich Gedanken über die Wirklich= keit zu machen; was heißt es, ſich durch Denken mit der Welt auseinanderſetzen zu wollen?

Wir müſſen uns da von jeder vorgefaßten Meinung frei erhalten. Eine ſolche aber wäre es, wenn wir vorausſetzen wollten, der Begriff (Gedanke) ſei das Bild innerhalb unſeres Bewußt= ſeins, durch das wir Aufſchluß über einen außerhalb desſelben liegenden Gegenſtand gewinnen. Von dieſer und ähnlichen Vor= ausſetzungen iſt an dieſem Orte nicht die Rede. Wir nehmen die Gedanken, wie wir ſie vorfinden. Ob ſie zu irgend etwas anderem eine Beziehung haben und was für eine, das wollen wir eben unterſuchen. Wir dürfen es daher nicht hier als Ausgangs= punkt hinſtellen. Gerade die angedeutete Anſicht über das Ver= hältnis von Begriff und Gegenſtand iſt ſehr häufig. Man definiert ja oft den Begriff als das geiſtige Gegenbild eines außerhalb des Geiſtes liegenden Gegenſtandes. Die Begriffe ſollen die Dinge abbilden, uns eine getreue Photographie derſelben vermitteln. Man denkt oft, wenn man vom Denken ſpricht, überhaupt nur an dieſes vorausgeſetzte Verhältnis. Faſt nie trachtet man dar= nach, das Reich der Gedanken innerhalb ſeines eigenen Gebietes einmal zu durchwandern, um zu ſehen, was ſich hier ergibt.

Wir wollen dieſes Reich hier in der Weiſe unterſuchen, als ob es außerhalb der Grenzen desſelben überhaupt nichts mehr gäbe, als ob das Denken alle Wirklichkeit wäre. Wir ſehen für einige Zeit von der ganzen übrigen Welt ab.

Daß man das in den erkenntnistheoretiſchen Verſuchen, die ſich auf Kant ſtützen, unterlaſſen hat, iſt verhängnisvoll für die Wiſſenſchaft geworden. Dieſe Unterlaſſung hat den Anſtoß zu einer Richtung in dieſer Wiſſenſchaft gegeben, die der unſrigen völlig entgegengeſetzt iſt. Dieſe Wiſſenſchaftsrichtung kann ihrer ganzen Natur nach Goethe nie begreifen. Es iſt im wahrſten Sinne des Wortes ungoethiſch, von einer Behauptung auszugehen, die man nicht in der Beobachtung vorfindet, ſondern ſelbſt in das Beobachtete hineinlegt. Das geſchieht aber, wenn man die Anſicht an die Spitze der Wiſſenſchaft ſtellt: Zwiſchen Denken und Wirk=

lichkeit, Idee und Welt besteht das angedeutete Verhältnis. Im Sinne Goethes handelt man nur, wenn man sich in die eigene Natur des Denkens selbst vertieft und dann zusieht, welche Beziehung sich ergibt, wenn dann dieses seiner Wesenheit nach erkannte Denken zu der Erfahrung in ein Verhältnis gebracht wird.

Goethe geht überall den Weg der Erfahrung im strengsten Sinne. Er nimmt zuerst die Objekte, wie sie sind, sucht mit völliger Fernhaltung aller subjektiven Meinung ihre Natur zu durchdringen; dann stellt er die Bedingungen her, unter denen die Objekte in Wechselwirkung treten können und wartet ab, was sich hieraus ergibt. Goethe sucht der Natur Gelegenheit zu geben, ihre Gesetzmäßigkeit unter besonders charakteristischen Umständen, die er herbeiführt, zur Geltung zu bringen, gleichsam ihre Gesetze selbst auszusprechen.

Wie erscheint uns unser Denken für sich betrachtet? Es ist eine Vielheit von Gedanken, die in der mannigfachsten Weise mit einander verwoben und organisch verbunden sind. Diese Vielheit macht aber, wenn wir sie nach allen Seiten hinreichend durchdrungen haben, doch wieder nur eine Einheit, eine Harmonie aus. Alle Glieder haben Bezug auf einander, sie sind für einander da; das eine modifiziert das andere, schränkt es ein u. s. w. Sobald sich unser Geist zwei entsprechende Gedanken vorstellt, merkt er alsogleich, daß sie eigentlich in Eins mit einander verfließen. Er findet überall Zusammengehöriges in seinem Gedankenbereiche; dieser Begriff schließt sich an jenen; ein dritter erläutert oder stützt einen vierten u. s. f. So z. B. finden wir in unserem Bewußtsein den Gedankeninhalt „Organismus" vor; durchmustern wir unsere Vorstellungswelt, so treffen wir auf einen zweiten: „gesetzmäßige Entwicklung, Wachstum". Sogleich wird uns klar, daß diese beiden Gedankeninhalte zusammengehören, daß sie bloß zwei Seiten eines und desselben Dinges vorstellen. So aber ist es mit unserem ganzen Gedankensystem. Alle Einzelgedanken sind Teile eines großen Ganzen, das wir unsere Begriffswelt nennen.

Tritt irgend ein einzelner Gedanke im Bewußtsein auf, so ruhe ich nicht eher, bis er mit meinem übrigen Denken in Einklang gebracht ist. Ein solcher Sonderbegriff, abseits von meiner übrigen geistigen Welt, ist mir ganz und gar unerträglich. Ich bin mir eben dessen bewußt, daß eine innerlich begründete Harmonie aller Gedanken besteht, daß die Gedankenwelt eine einheitliche ift. Deshalb ift uns jede folche Abfonderung eine Unnatürlichkeit, eine Unwahrheit.

Haben wir uns bis dahin durchgerungen, daß unfere ganze Gedankenwelt den Charakter einer vollkommenen, inneren Überein=stimmung trägt, dann wird uns durch fie jene Befriedigung, nach der unfer Geift verlangt. Dann fühlen wir uns im Befitze der Wahrheit.

Indem wir die Wahrheit in der durchgängigen Zufammen=stimmung aller Begriffe, über die wir verfügen, fehen, drängt fich die Frage auf: ja hat denn das Denken, abgefehen von aller an=fchaulichen Wirklichkeit, von der finnenfälligen Erfcheinungswelt auch einen Inhalt? Bleibt nicht die vollftändige Leere, ein reines Phantasma zurück, wenn wir allen finnlichen Inhalt befeitigt denken?

Daß das letztere der Fall fei, dürfte wohl eine weitverbreitete Meinung fein, fo daß wir fie ein wenig näher betrachten müffen. Wie wir bereits oben bemerkten, denkt man fich ja fo vielfach das ganze Begriffsfyftem nur als eine Photographie der Außenwelt. Man hält zwar daran feft, daß fich unfer Wiffen in der Form des Denkens entwickelt; fordert aber von einer „ftreng objektiven Wiffenfchaft", daß fie ihren Inhalt nur von außen nehme. Die Außenwelt müffe den Stoff liefern, welcher in unfere Begriffe einfließt.*) Ohne jene feien diefe leere Schemen ohne allen Inhalt. Fiele die Außenwelt weg, fo hätten Begriffe und Ideen keinen Sinn mehr, denn fie find um ihrer willen da. Man könnte diefe Anficht die Verneinung des Begriffs nennen. Denn er hat für die Objektivität dann gar keine Bedeutung mehr. Er ift ein zu letzterer Hinzugekommenes. Die Welt ftünde in aller Voll=kommenheit auch da, wenn es keine Begriffe gäbe. Denn fie bringen ja nichts Neues zu derfelben hinzu. Sie enthalten nichts, was ohne fie nicht da wäre. Sie find nur da, weil fich das er=kennende Subjekt ihrer bedienen will, um in einer ihm angemeffenen Form das zu haben, was anderweitig fchon da ift. Sie find für dasfelbe nur Vermittler eines Inhaltes, der nichtbegrifflicher Natur ift. So die angezogene Anficht.

Wenn fie begründet wäre, müßte eine von den folgenden drei Vorausfetzungen richtig fein.

1) Die Begriffswelt ftehe in einem folchen Verhältniffe zur

_____

*) J. H. v. Kirchmann fagt fogar in feiner „Lehre vom Wiffen", daß das Erkennen ein Einfließen der Außenwelt in unfer Bewußtfein fei.

Steiner, Erkenntnistheorie. 3

Außenwelt, daß sie nur den ganzen Inhalt derselben in anderer Form wiedergibt. Hier ist unter Außenwelt die Sinnenwelt ver= standen. Wenn das der Fall wäre, dann könnte man wahrlich nicht einsehen, welche Notwendigkeit bestände, sich überhaupt über die Sinnenwelt zu erheben. Man hat ja das ganze Um und Auf des Erkennens schon mit der letzteren gegeben.

2) Die Begriffswelt nehme nur einen Teil der „Erscheinung für die Sinne" als ihren Inhalt auf. Man denke sich die Sache etwa so. Wir machen eine Reihe von Beobachtungen. Wir treffen da auf die verschiedensten Objekte. Wir bemerken dabei, daß gewisse Merkmale, die wir an einem Gegenstande entdecken, schon einmal von uns beobachtet worden sind. Es durchmustere unser Auge eine Reihe von Gegenständen A, B, C, D, u. s. w. A hätte die Merkmale p q a r; B: l m b n; C: k h c g und D: p u a v. Da treffen wir bei D wieder auf die Merkmale a und p, die wir schon bei A angetroffen haben. Wir bezeichnen diese Merkmale als wesentliche. Und insoferne A und D die wesent= lichen Merkmale gleich haben, nennen wir sie gleichartig. So fassen wir A und D dann zusammen, indem wir ihre wesentlichen Merkmale im Denken festhalten. Da haben wir ein Denken, das sich mit der Sinnenwelt nicht ganz deckt, auf das also die oben gerügte Überflüssigkeit nicht anzuwenden und das doch ebenso weit entfernt ist, Neues zu der Sinnenwelt hinzuzubringen. Dagegen läßt sich vor allem sagen: um zu erkennen, welche Eigenschaften einem Dinge wesentlich sind, dazu gehöre schon eine gewisse Norm, die es uns möglich macht, Wesentliches von Unwesent= lichem zu unterscheiden. Diese Norm kann in dem Objekte nicht liegen, denn dieses enthält ja das Wesentliche und Unwesentliche in ungetrennter Einheit. Diese Norm müsse also doch selbsteigener Inhalt unseres Denkens sein.

Dieser Einwand stößt aber die Ansicht noch nicht ganz um. Man kann nämlich sagen: Das sei eben eine ungerechtfertigte An= nahme, daß bies oder jenes wesentlicher oder unwesentlicher für ein Ding sei. Das kümmere uns auch nicht. Es handle sich bloß darum, daß wir gewisse gleiche Eigenschaften bei mehreren Dingen antreffen und die letzteren nennen wir dann gleichartig. Davon sei gar nicht die Rede, daß diese gleichen Eigenschaften auch wesentlich seien. Diese Anschauung setzt aber etwas voraus, was durchaus nicht zutrifft. Es ist in zwei Dingen gleicher

Gattung gar nichts wirklich Gemeinschaftliches, wenn
man bei der Sinnenerfahrung stehen bleibt. Ein Beispiel
wird das klarlegen. Das einfachste ist das beste, weil es sich
am besten überschauen läßt. Betrachten wir folgende zwei Dreiecke.

Was haben die wirklich gleich,
wenn man bei der Sinnenerfahrung
stehen bleibt? Gar nichts. Was
sie gleich haben, nämlich das Gesetz,
nach dem sie gebildet sind und
welches bewirkt, daß sie beide unter
den Begriff „Dreieck" fallen, das
wird von uns erst gewonnen, wenn
wir die Sinnenerfahrung
überschreiten.   Der Begriff

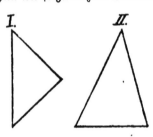

Dreieck umfaßt alle Dreiecke. Wir kommen nicht durch die
bloße Betrachtung aller einzelnen Dreiecke zu ihm. Dieser
Begriff bleibt immer derselbe, so oft ich ihn auch vorstellen mag,
während es mir wohl kaum gelingen wird, zweimal dasselbe
„Dreieck" anzuschauen. Das, wodurch das Einzeldreieck das voll=
bestimmte „dieses" und kein anderes ist, hat mit dem Begriffe gar
nichts zu thun. Ein bestimmtes Dreieck ist dieses bestimmte nicht
dadurch, daß es jenem Begriffe entspricht, sondern durch Elemente,
die ganz außerhalb des Begriffes liegen: Länge der Seiten, Größe
der Winkel, Lage u. s. w. Es ist aber doch ganz unstatthaft zu
behaupten, daß der Inhalt des Begriffes Dreieck aus der objektiven
Sinnenwelt entlehnt sei, wenn man sieht, daß dieser sein Inhalt
überhaupt in keiner sinnenfälligen Erscheinung enthalten ist.

3) Es ist nun noch ein Drittes möglich. Der Begriff könnte
ja der Vermittler für das Erfassen von Wesenheiten sein, die
nicht sinnlich=wahrnehmbar sind, die aber doch einen auf sich selbst
beruhenden Charakter haben. Der letztere wäre dann der un=
begriffliche Inhalt der begrifflichen Form unseres Denkens.
Wer solche jenseits der Erfahrung bestehende Wesenheiten annimmt
und uns die Möglichkeit eines Wissens von denselben zuspricht,
muß doch notwendig auch in dem Begriffe den Dolmetsch dieses
Wissens sehen.

Wir werden das Unzulängliche dieser Ansicht noch besonders
darlegen. Hier wollen wir nur darauf aufmerksam machen, daß
sie jedenfalls nicht gegen die Inhaltlichkeit der Begriffswelt

3*

spricht. Denn lägen die Gegenstände, über die gedacht wird, jen=
seits aller Erfahrung und jenseits des Denkens, dann müßte das
letztere doch um so mehr innerhalb seiner selbst den Inhalt haben,
auf den es sich stützt. Es könnte doch nicht über Gegenstände
denken, von denen innerhalb der Gedankenwelt keine Spur anzu=
treffen wäre.

Jedenfalls ist also klar, daß das Denken kein inhaltsleeres
Gefäß ist, sondern daß es rein für sich selbst genommen inhalts=
voll ist und daß sich sein Inhalt nicht mit dem einer anderen Er=
scheinungsform deckt. —

D. Die Wissenschaft.

---

11. Denken und Wahrnehmung.

Die Wissenschaft durchtränkt die wahrgenommene Wirklichkeit mit den von unserem Denken erfaßten und durchgearbeiteten Begriffen. Sie ergänzt und vertieft das passiv Aufgenommene durch das, was unser Geist selbst durch seine Thätigkeit aus dem Dunkel der bloßen Möglichkeit in das Licht der Wirklichkeit emporgehoben hat. Das setzt voraus, daß die Wahrnehmung der Ergänzung durch den Geist bedarf, daß sie überhaupt kein Endgültiges, Letztes, Abgeschlossenes ist.

Es ist der Grundirrtum der modernen Wissenschaft, daß sie die Wahrnehmung der Sinne schon für etwas Abgeschlossenes, Fertiges ansieht. Deshalb stellt sie sich die Aufgabe, dieses in sich vollendete Sein einfach zu photographieren. Konsequent ist in dieser Hinsicht wohl nur der Positivismus, der jedes Hinausgehen über die Wahrnehmung einfach ablehnt. Doch sieht man heute fast in allen Wissenschaften das Bestreben, sich diesen Standpunkt als den richtigen anzusehen. Im wahren Sinne des Wortes würde dieser Forderung nur eine solche Wissenschaft genügen, welche einfach die Dinge, wie sie neben einander im Raume vorhanden sind und die Ereignisse, wie sie zeitlich auf einander folgen, aufzählt und beschreibt. Die Naturgeschichte alten Stiles kommt dieser Forderung noch am nächsten. Die neuere verlangt zwar dasselbe, stellt eine vollständige Theorie der Erfahrung auf, um sie — sogleich zu übertreten, wenn sie den ersten Schritt in der wirklichen Wissenschaft unternimmt.

Wir müßten uns unseres Denkens vollkommen entäußern, wollten wir an der reinen Erfahrung festhalten. Man setzt das Denken herab, wenn man ihm die Möglichkeit entzieht, in sich selbst Wesenheiten wahrzunehmen, die den Sinnen unzugänglich sind. Es muß in der Wirklichkeit außer den Sinnesqualitäten noch einen Faktor geben, der vom Denken erfaßt wird. Das Denken ist ein Organ des Menschen, das bestimmt ist, Höheres zu beobachten als die Sinne bieten. Dem Denken ist jene Seite der Wirklich= keit zugänglich, von der ein bloßes Sinnenwesen nie etwas erfahren würde. Nicht die Sinnlichkeit wiederzukäuen ist es da, sondern das zu durchdringen, was dieser verborgen ist. Die Wahrnehmung der Sinne liefert nur eine Seite der Wirk= lichkeit. Die andere Seite ist die denkende Erfassung der Welt. Nun tritt uns aber im ersten Augenblick das Denken als etwas der Wahrnehmung ganz Fremdes entgegen. Die Wahrnehmung bringt von außen auf uns ein; das Denken arbeitet sich aus unserem Innern heraus. Der Inhalt dieses Denkens erscheint uns als innerlich vollkommner Organismus; alles ist im strengsten Zusammenhange. Die einzelnen Glieder des Gedankensystems be= stimmen einander; jeder einzelne Begriff hat zuletzt seine Wurzel in der Allheit unseres Gedankengebäudes.

Auf den ersten Blick erscheint es, als ob die innere Wider= spruchslosigkeit des Denkens, seine Selbstgenugsamkeit jeden Über= gang zur Wahrnehmung unmöglich mache. Wären die Bestimmungen des Denkens solche, daß ihnen nur auf eine Art zu genügen ist, dann wäre es wirklich in sich selbst abgeschlossen; wir könnten aus demselben nicht heraus. Das ist aber nicht der Fall. Diese Bestimmungen sind solche, daß ihnen auf mannigfache Weise Genüge geschehen kann. Nur darf dann dasjenige Element, welches diese Mannigfaltigkeit bewirkt, nicht selbst innerhalb des Denkens gesucht werden. Nehmen wir die Gedankenbestimmung: Die Erde zieht jeden Körper an, so werden wir alsbald bemerken, daß der Gedanke die Möglichkeit offen läßt, in der verschiedensten Weise erfüllt zu werden. Das sind aber Verschiedenheiten, die mit dem Denken nicht mehr erreichbar sind. Da ist Platz für ein anderes Element. Dieses Element ist die Sinneswahrnehmung. Die Wahrnehmung bietet eine solche Art der Specialisierung der Ge= dankenbestimmungen, die von dem letzteren selbst offen gelassen ist.

Diese Specialisierung ist es, in der uns die Welt gegenüber= tritt, wenn wir uns bloß der Erfahrung bedienen. Psychologisch ist das das Erste, was sachlich genommen das Abgeleitete ist.

Bei aller wissenschaftlichen Bearbeitung der Wirklichkeit ist

der Vorgang dieser: Wir treten der konkreten Wahrnehmung gegen=
über. Sie steht wie ein Rätsel vor uns. In uns macht sich der
Drang geltend, ihr eigentliches Was, ihr Wesen, das sie nicht
selbst ausspricht, zu erforschen. Dieser Drang ist nichts anderes
als das Emporarbeiten eines Begriffes aus dem Dunkel unseres
Bewußtseins. Diesen Begriff halten wir dann fest, während die
sinnenfällige Wahrnehmung mit diesem Denkprozesse parallel geht.
Die stumme Wahrnehmung spricht plötzlich eine uns verständliche
Sprache; wir erkennen, daß der Begriff, den wir gefaßt haben,
jenes gesuchte Wesen der Wahrnehmung ist.

Was sich da vollzogen hat, ist ein Urteil. Es ist verschieden
von jener Gestalt des Urteiles, die zwei Begriffe verbindet, ohne
auf die Wahrnehmung Rücksicht zu nehmen. Wenn ich sage: die
Freiheit ist die Bestimmung eines Wesens aus sich selbst heraus,
so habe ich auch ein Urteil gefällt. Die Glieder dieses Urteiles
sind Begriffe, die ich nicht in der Wahrnehmung gegeben habe.
Auf solchen Urteilen beruht die innere Einheitlichkeit unseres
Denkens, die wir im vorigen Kapitel behandelt haben

Das Urteil, welches hier in Betracht kommt, hat zum Sub=
jekte eine Wahrnehmung, zum Prädikate einen Begriff. Dieses
bestimmte Tier, das ich vor mir habe, ist ein Hund. In einem
solchen Urteile wird eine Wahrnehmung in mein Gedankensystem an
einem bestimmten Orte eingefügt. Nennen wir ein solches Urteil
ein Wahrnehmungsurteil.

Durch das Wahrnehmungsurteil wird erkannt, daß
ein bestimmter sinnenfälliger Gegenstand seiner Wesen=
heit nach mit einem bestimmten Begriffe zusammenfällt.

Wollen wir also begreifen, was wir wahrnehmen, dann muß
die Wahrnehmung als bestimmter Begriff in uns vorgebildet
sein. An einem Gegenstande, bei dem das nicht der Fall wäre,
gingen wir, ohne daß er uns verständlich wäre, vorüber.

Daß das so ist, dafür liefert wohl der Umstand den besten
Beweis, daß Personen, welche ein reicheres Geistesleben führen,
auch viel tiefer in die Erfahrungswelt eindringen, als andere, bei
denen das nicht der Fall ist. Vieles, was an den letzteren spurlos
vorüber geht, macht auf die ersteren einen tiefen Eindruck. (Wär'
nicht das Auge sonnenhaft, die Sonne könnt' es nie erblicken.)
Ja aber, wird man sagen, treten wir nicht im Leben unendlich
vielen Dingen entgegen, von denen wir uns bisher nicht den

leiſeſten Begriff gemacht haben; und bilden wir uns denn nicht
an Ort und Stelle ſogleich Begriffe von ihnen? Ganz wohl.
Aber iſt denn die Summe aller möglichen Begriffe mit der Summe
derer, die ich mir in meinem bisherigen Leben gebildet habe,
identiſch? Iſt mein Begriffsſyſtem nicht entwicklungsfähig? Kann
ich im Angeſichte einer mir unverſtändlichen Wirklichkeit nicht ſogleich mein Denken in Wirkſamkeit verſetzen, auf daß es eben
auch an Ort und Stelle den Begriff entwickele, den ich einem
Gegenſtande entgegenzuhalten habe? Es iſt für mich nur die
Fähigkeit erforderlich, einen beſtimmten Begriff aus dem Fonde
der Gedankenwelt hervorgehen zu laſſen. Nicht darum handelt es
ſich, daß mir ein beſtimmter Gedanke im Laufe meines Lebens
ſchon bewußt war, ſondern darum, daß er ſich aus der Welt der
mir erreichbaren Gedanken ableiten läßt. Das iſt ja für ſeinen
Inhalt unweſentlich, wo und wann ich ihn erfaſſe. Ich entnehme
ja alle Beſtimmungen des Gedankens aus der Gedankenwelt. Von
dem Sinnesobjekte fließt in dieſen Inhalt ja doch nichts ein. Ich
erkenne in dem Sinnesobjekt den Gedanken, den ich aus meinem
Innern herausgeholt, nur wieder. Dieſes Objekt veranlaßt mich
zwar in einem beſtimmten Augenblicke gerade dieſen Gedankeninhalt
aus der Einheit aller möglichen Gedanken herauszutreiben, aber
es liefert mir keineswegs die Bauſteine zu denſelben. Die muß
ich aus mir ſelbſt herausholen.

Wenn wir unſer Denken wirken laſſen, bekommt die Wirklichkeit erſt wahrhafte Beſtimmungen. Sie, die vorher ſtumm war,
redet eine deutliche Sprache.

Unſer Denken iſt der Dolmetſch, der die Gebärden
der Erfahrung deutet.

Man iſt ſo gewohnt, die Welt der Begriffe für eine leere,
inhaltsloſe anzuſehen, und ihr die Wahrnehmung als das Inhalts-
volle, durch und durch Beſtimmte gegenüberzuſtellen, daß es für
den wahren Sachverhalt ſchwer ſein wird, ſich die ihm gebührende
Stellung zu erringen. Man überſieht vollſtändig, daß die bloße
Anſchauung das Leerſte iſt, was ſich nur denken läßt und daß ſie
allen Inhalt erſt aus dem Denken erhält. Das einzige Wahre
an der Sache iſt, daß ſie den immer flüſſigen Gedanken in einer
beſtimmten Form feſthält, ohne daß wir nötig haben, zu dieſem
Feſthalten thätig mitzuwirken. Wenn der eine, der ein reiches
Seelenleben hat, tauſend Dinge ſieht, die für den geiſtig Armen

eine Null sind, so beweist das sonnenklar, daß der Inhalt der
Wirklichkeit nur das Spiegelbild des Inhaltes unseres Geistes ist
und daß wir von außen nur die leere Form empfangen. Freilich
müssen wir die Kraft in uns haben, uns als die Erzeuger dieses
Inhaltes zu erkennen, sonst sehen wir ewig nur das Spiegelbild,
nie unseren Geist, der sich spiegelt. Auch der sich in einem faktischen
Spiegel sieht, muß sich ja selbst als Persönlichkeit erkennen, um
sich im Bilde wieder zu erkennen.

Alle Sinnenwahrnehmung löst sich, was das Wesen betrifft,
zuletzt in ideellen Inhalt auf. Dann erst erscheint sie uns als
durchsichtig und klar. Die Wissenschaften sind vielfach von dem
Bewußtsein dieser Wahrheit nicht einmal berührt. Man hält die
Gedankenbestimmung für Merkmale der Gegenstände, wie Farbe,
Geruch 2c. So glaubt man, die Bestimmung sei eine Eigenschaft
aller Körper, daß sie in dem Zustande der Bewegung oder Ruhe,
in dem sie sich befinden, so lange verharren, bis ein äußerer Ein=
fluß denselben ändert. In dieser Form figuriert das Gesetz vom
Beharrungsvermögen in der Naturlehre. Der wahre Thatbestand
ist aber ein ganz anderer. In meinem Begriffssystem besteht der
Gedanke Körper in vielen Modifikationen. Die eine ist der Ge=
danke eines Dinges, das sich aus sich selbst heraus in Ruhe oder
Bewegung setzen kann, eine andere der Begriff eines Körpers,
der nur infolge äußeren Einflusses seinen Zustand verändert.
Letztere Körper bezeichne ich als unorganische. Tritt mir dann
ein bestimmter Körper entgegen, der mir in der Wahrnehmung
meine obige Begriffsbestimmung wiederspiegelt, so bezeichne ich ihn
als unorganisch und verbinde mit ihm alle Bestimmungen, die
aus dem Begriffe des unorganischen Körpers folgen.

Die Überzeugung sollte alle Wissenschaften durchdringen, daß
ihr Inhalt lediglich Gedankeninhalt ist und daß sie mit der Wahr=
nehmung in keiner anderen Verbindung stehen, als daß sie im
Wahrnehmungsobjekte eine besondere Form des Begriffes sehen.

12. Verstand und Vernunft.

Unser Denken hat eine zweifache Aufgabe zu vollbringen:
erstens, Begriffe mit scharf umrissenen Contouren zu schaffen;
zweitens, die so geschaffenen Einzelbegriffe zu einem einheitlichen

Ganzen zusammenzufassen. Im ersten Falle handelt es sich um
die unterscheidende Thätigkeit, im zweiten um die verbindende.
Diese beiden geistigen Tendenzen erfreuen sich in den Wissen=
schaften keineswegs der gleichen Pflege. Der Scharfsinn, der bis
zu den geringsten Kleinigkeiten in seinen Unterscheidungen herab=
geht, ist einer bedeutend größeren Zahl von Menschen gegeben als
die zusammenfassende Kraft des Denkens, die in die Tiefe der
Wesen bringt.

Lange Zeit hat man die Aufgabe der Wissenschaft überhaupt
nur in einer genauen Unterscheidung der Dinge gesucht. Wir
brauchen nur des Zustandes zu gedenken, in dem Goethe die
Naturgeschichte vorfand. Durch Linné war es ihr zum Ideale
geworden, genau die Unterschiede der einzelnen Pflanzenindividuen
zu suchen, um so die geringfügigsten Merkmale benutzen zu können,
neue Arten und Unterarten aufzustellen. Zwei Tier= oder Pflanzen=
species, die sich nur in höchst unwesentlichen Dingen unterscheiden,
wurden sogleich verschiedenen Arten zugerechnet. Fand man an
irgend einem Lebewesen, das man bisher irgend einer Art zu=
gerechnet, eine unerwartete Abweichung von dem willkürlich auf=
gestellten Artcharakter, so dachte man nicht nach: wie sich eine
solche Abweichung aus diesem Charakter selbst erklären lasse, son=
dern man stellte einfach eine neue Art auf.

Diese Unterscheidung ist die Sache des Verstandes. Er hat
nur zu trennen und die Begriffe in der Trennung festzuhalten.
Er ist eine notwendige Vorstufe jeder höheren Wissenschaftlichkeit.
Vor allem bedarf es ja festbestimmter, klar umrissener Begriffe,
ehe wir nach einer Harmonie derselben suchen können. Aber wir
dürfen bei der Trennung nicht stehen bleiben. Für den Verstand
sind Dinge getrennt, die in einer harmonischen Einheit zu sehen,
ein wesentliches Bedürfnis der Menschheit ist. Für den Verstand
sind getrennt: Ursache und Wirkung, Mechanismus und Organis=
mus, Freiheit und Notwendigkeit, Idee und Wirklichkeit, Geist
und Natur u. s. w. u. s. w. Alle diese Unterscheidungen sind durch
den Verstand herbeigeführt. Sie müssen herbeigeführt werden,
weil uns sonst die Welt als ein verschwommenes, dunkles Chaos
erschiene, das nur deshalb eine Einheit bildete, weil es für uns
völlig unbestimmt wäre.

Der Verstand selbst ist nicht in der Lage, über diese Trennung
hinauszukommen. Er hält die getrennten Glieder fest.

Dieses Hinauskommen ist Sache der Vernunft. Sie hat die vom Verstande geschaffenen Begriffe in einander übergehen zu lassen. Sie hat zu zeigen, daß das, was der Verstand in strenger Trennung festhält, eigentlich eine innerliche Einheit ist. Die Trennung ist etwas künstlich Herbeigeführtes, ein notwendiger Durchgangspunkt für unser Erkennen, nicht dessen Abschluß. Wer die Wirklichkeit bloß verstandesmäßig erfaßt, entfernt sich von ihr. Er setzt an ihre Stelle, da sie in Wahrheit eine Einheit ist, eine künstliche Vielheit, eine Mannigfaltigkeit, die mit dem Wesen der Wirklichkeit nichts zu thun hat.

Daher rührt der Zwiespalt, in den die verstandesmäßig betriebene Wissenschaft mit dem menschlichen Herzen kommt. Viele Menschen, deren Denken nicht so ausgebildet ist, daß sie es bis zu einer einheitlichen Weltansicht bringen, die sie in voller begrifflicher Klarheit erfassen, sind aber sehr wohl imstande, die innere Harmonie des Weltganzen mit dem Gefühle zu durchdringen. Ihnen gibt das Herz, was dem wissenschaftlich Gebildeten die Vernunft bietet.

Tritt an solche Menschen die Verstandesansicht der Welt heran, so weisen sie mit Verachtung die unendliche Vielheit zurück und halten sich an die Einheit, die sie wohl nicht erkennen, aber mehr oder minder lebhaft empfinden. Sie sehen sehr wohl, daß der Verstand sich von der Natur entfernt, daß er das geistige Band aus dem Auge verliert, das die Teile der Wirklichkeit verbindet.

Die Vernunft führt wieder zur Wirklichkeit zurück. Die Einheitlichkeit alles Seins, die früher gefühlt oder gar nur dunkel geahnt wurde, wird von der Vernunft vollkommen durchschaut. Die Verstandesansicht muß durch die Vernunftansicht vertieft werden. Wird die erste statt für einen notwendigen Durchgangspunkt für Selbstzweck angesehen, dann liefert sie nicht die Wirklichkeit, sondern ein Zerrbild derselben.

Es macht bisweilen Schwierigkeiten, die durch den Verstand geschaffenen Gedanken zu verbinden. Die Geschichte der Wissenschaften liefert uns vielfache Beweise dafür. Oft sehen wir den Menschengeist ringen, von dem Verstande geschaffene Differenzen zu überbrücken.

In der Vernunftansicht von der Welt geht der Mensch in der letzteren in ungetrennter Einheit auf.

Kant hat auf den Unterschied von Verstand und Vernunft bereits hingewiesen. Er bezeichnet die Vernunft als das Vermögen, Ideen wahrzunehmen; wogegen der Verstand darauf beschränkt ist, bloß die Welt in ihrer Getrenntheit, Vereinzelung zu schauen.

Die Vernunft ist nun in der That das Vermögen, Ideen wahrzunehmen. Wir müssen hier den Unterschied zwischen Begriff und Idee feststellen, den wir bisher außer acht gelassen haben. Für unsere bisherigen Zwecke kam es nur darauf an, jene Qualitäten des Gedankenmäßigen, die sich in Begriff und Idee darleben, zu finden. Begriff ist der Einzelgedanke, wie er vom Verstande festgehalten wird. Bringe ich eine Mehrheit von solchen Einzelgedanken in lebendigen Fluß, so daß sie in einander übergehen, sich verbinden, so entstehen gedankenmäßige Gebilde, die nur für die Vernunft da sind, die der Verstand nicht erreichen kann. Für die Vernunft geben die Geschöpfe des Verstandes ihre gesonderten Existenzen auf und leben nur mehr als ein Teil einer Totalität weiter. Diese von der Vernunft geschaffenen Gebilde sollen Ideen heißen.

Daß die Idee eine Vielheit von Verstandesbegriffen auf eine Einheit zurückführt, das hat auch schon Kant ausgesprochen. Er hat jedoch die Gebilde, die durch die Vernunft zur Erscheinung kommen, als bloße Trugbilder hingestellt, als Illusionen, die sich der Menschengeist ewig vorspiegelt, weil er ewig nach einer Einheit der Erfahrung strebt, die ihm nirgends gegeben ist. Die Einheiten, die in den Ideen geschaffen werden, beruhen nach Kant nicht auf objektiven Verhältnissen, sie fließen nicht aus der Sache selbst, sondern sind bloß subjektive Normen, nach denen wir Ordnung in unser Wissen bringen. Kant bezeichnet daher die Ideen nicht als konstitutive Principien, die für die Sache maßgebend sein müßten, sondern als regulative, die allein für die Systematik unseres Wissens Sinn und Bedeutung haben.

Sieht man aber auf die Art, wie die Ideen zustande kommen, so erweist sich diese Ansicht sogleich als irrtümlich. Es ist zwar richtig, daß die subjektive Vernunft*) das Bedürfnis nach Einheit hat. Aber dieses Bedürfnis ist ohne allen Inhalt, ein leeres Einheitsbestreben. Tritt ihm etwas entgegen, das absolut jeder ein-

---

*) Als menschliches Geistesvermögen aufgefaßt.

heitlichen Natur entbehrt, so kann es diese Einheit nicht selbst aus sich heraus erzeugen. Tritt ihm hingegen eine Vielheit entgegen, die ein Zurückführen auf eine innere Harmonie gestattet, dann vollbringt sie dasselbe. Eine solche Vielheit ist die vom Verstande geschaffene Begriffswelt.

Die Vernunft setzt nicht eine bestimmte Einheit voraus, sondern die leere Form der Einheitlichkeit, sie ist das Vermögen, die Harmonie an das Tageslicht zu ziehen, wenn sie im Objekte selbst liegt. Die Begriffe setzen sich in der Vernunft selbst zu Ideen zusammen. Die Vernunft bringt die höhere Einheit der Verstandesbegriffe zum Vorschein, die der Verstand in seinen Gebilden zwar hat, aber nicht zu sehen vermag. Daß dies übersehen wird, ist der Grund vieler Mißverständnisse über die Anwendung der Vernunft in den Wissenschaften.

In geringem Grade hat jede Wissenschaft schon in den Anfängen, ja das alltägliche Denken schon Vernunft nötig. Wenn wir in dem Urteile: jeder Körper ist schwer, den Subjektsbegriff mit dem Prädikatsbegriff verbinden, so liegt darinnen schon eine Vereinigung von zwei Begriffen, also die einfachste Thätigkeit der Vernunft.

Die Einheit, welche die Vernunft zu ihrem Gegenstande macht, ist vor allem Denken, vor allem Vernunftgebrauche gewiß; nur ist sie verborgen, ist nur der Möglichkeit nach vorhanden, nicht als faktische Erscheinung. Dann führt der Menschengeist die Trennung herbei, um im vernunftgemäßen Vereinigen der getrennten Glieder die Wirklichkeit vollständig zu durchschauen.

Wer das nicht voraussetzt, muß entweder alle Gedankenverbindung als eine Willkür des subjektiven Geistes ansehen oder er muß annehmen, daß die Einheit hinter der von uns erlebten Welt stehe und uns auf eine uns unbekannte Weise zwinge, die Mannigfaltigkeit auf eine Einheit zurückzuführen. Dann verbinden wir Gedanken ohne Einsicht in die wahren Gründe des Zusammenhanges, den wir herstellen; dann ist die Wahrheit nicht von uns erkannt, sondern uns von außen aufgedrängt. Alle Wissenschaft, welche von dieser Voraussetzung ausgeht, möchten wir eine dogmatische nennen. Wir werden noch darauf zurückkommen.

Jede solche wissenschaftliche Ansicht wird auf Schwierigkeiten stoßen, wenn sie Gründe angeben soll, warum wir diese oder jene

Gedankenverbindung vollziehen. Sie hat sich nämlich nach subjek=
tiven Gründen der Zusammenfassung von Objekten umzusehen,
deren objektiver Zusammenhang uns verborgen bleibt. Warum
vollziehe ich ein Urteil, wenn die Sache, die die Zusammengehörig=
keit von Subjekt= und Prädikatbegriff fordert, mit dem Fällen
desselben nichts zu thun hat?

Kant hat diese Frage zum Ausgangspunkte seiner kritischen
Arbeiten gemacht. Wir finden am Anfange seiner Kritik der reinen
Vernunft die Frage: wie sind synthetische Urteile a priori möglich?
d. h. wie ist es möglich, daß ich zwei Begriffe (Subjekt, Prädikat)
verbinde, wenn nicht der Inhalt des einen schon in dem andern
enthalten ist und wenn das Urteil kein bloßes Erfahrungsurteil
d. i. das Feststellen einer einzigen Thatsache ist? Kant meint,
solche Urteile seien nur dann möglich, wenn Erfahrung nur unter
der Voraussetzung ihrer Gültigkeit bestehen kann. Die Möglichkeit
der Erfahrung ist also für uns maßgebend, um ein solches Urteil
zu vollziehen. Wenn ich mir sagen kann: nur dann, wenn dieses
oder jenes synthetische Urteil a priori wahr ist, ist Erfahrung
möglich, dann hat es Gültigkeit. Auf die Ideen selbst aber ist
das nicht anzuwenden. Diese haben nach Kant nicht einmal diesen
Grad von Objektivität.

Kant findet, daß die Sätze der Mathematik und der reinen
Naturwissenschaft solche gültige synthetische Sätze a priori sind.
Er nimmt da z. B. den Satz $7 + 5 = 12$. In 7 und 5 ist
die Summe 12 keineswegs enthalten, so schließt Kant. Ich muß
über 7 und 5 hinausgehen und an meine Anschauung appellieren,
dann finde ich den Begriff 12. Meine Anschauung macht es not=
wendig, daß $7 + 5 = 12$ vorgestellt wird. Meine Erfahrungs=
objekte müssen aber durch das Medium meiner Anschauung an
mich herantreten, sich also deren Gesetzen fügen. Wenn Erfahrung
möglich sein soll, müssen solche Sätze richtig sein.

Vor einer objektiven Erwägung hält dieses ganze künstliche
Gedankengebäude Kants nicht Stand. Es ist unmöglich, daß ich
im Subjektbegriffe gar keinen Anhaltspunkt habe, der mich zum
Prädikatbegriffe führt. Denn beide Begriffe sind von meinem
Verstande gewonnen und das an einer Sache, die in sich einheitlich
ist. Man täusche sich hier nicht. Die mathematische Einheit,
welche der Zahl zu Grunde liegt, ist nicht das Erste. Das Erste
ist die Größe, welche eine so und so oftmalige Wiederholung der

Einheit ift. Ich muß eine Größe vorausſetzen, wenn ich von einer Einheit ſpreche. Die Einheit ift ein Gebilde unſeres Verſtandes, das er von einer Totalität abtrennt, ſo wie er die Wirkung von der Urſache, die Subſtanz von ihren Merkmalen ſcheidet u. ſ. w. Indem ich nun 7 + 5 denke, halte ich in Wahrheit 12 mathe= matiſche Einheiten im Gedanken feſt, nur nicht auf einmal, ſondern in zwei Teilen. Denke ich die Geſamtheit der mathematiſchen Einheiten auf einmal, ſo iſt das ganz dieſelbe Sache. Und dieſe Identität ſpreche ich in dem Urteile 7 + 5 = 12 aus. Ebenſo ift es mit dem geometriſchen Beiſpiele, das Kant anführt. Eine begrenzte Gerade mit den Endpunkten A und B iſt eine untrenn= bare Einheit. Mein Verſtand kann ſich zwei Begriffe davon bilden. Einmal kann er die Gerade als Richtung annehmen und dann als Weg zwiſchen den zwei Punkten A und B. Daraus fließt das Urteil: Die Gerade ift der kürzeſte Weg zwiſchen zwei Punkten.

Alles Urteilen, inſofern die Glieder, die in das Urteil ein= gehen, Begriffe ſind, ift nichts weiter als eine Wiedervereinigung deſſen, was der Verſtand getrennt hat. Der Zuſammenhang er= gibt ſich ſofort, wenn man auf den Inhalt der Verſtandesbegriffe eingeht. —

13. Das Erkennen.

Die Wirklichkeit hat ſich uns in zwei Gebiete auseinander= gelegt: in die Erfahrung und in das Denken. Die Erfahrung kommt in zweifacher Hinſicht in Betracht. Erſtens inſoferne, als die geſamte Wirklichkeit außer dem Denken eine Erſcheinungsform hat, die in der Erfahrungsform auftreten muß. Zweitens inſoferne, als es in der Natur unſeres Geiſtes liegt, deſſen Weſen ja in der Betrachtung beſteht (alſo in einer nach außen gerichteten Thätigkeit), daß die zu beobachtenden Gegenſtände in ſein Geſichts= feld einrücken, d. h. wieder ihm erfahrungsmäßig gegeben werden. Es kann nun ſein, daß dieſe Form des Gegebenen das Weſen der Sache nicht in ſich ſchließt, dann fordert die Sache ſelbſt, daß ſie zuerſt in der Wahrnehmung (Erfahrung) erſcheine, um ſpäter einer über die Wahrnehmung hinausgehenden Thätigkeit unſeres Geiſtes das Weſen zu zeigen. Eine andere Möglichkeit ift die, daß in dem unmittelbar Gegebenen ſchon das Weſen liege und daß es nur dem zweiten Umstande, daß unserem Geiste alles als Erfahrung vor Augen treten muß, zuzuschreiben ist, wenn wir dieses Wesen nicht sogleich gewahr werden. Das letztere ist beim Denken, das erstere bei der übrigen Wirklichkeit der Fall. Beim Denken ist nur erforderlich, daß wir unsere subjektive Befangenheit überwinden, um es in seinem Kerne zu begreifen. Was bei der übrigen Wirklichkeit in der objektiven Wahrnehmung sachlich begründet liegt, daß die unmittelbare Form des Auftretens überwunden werden muß, um sie zu erklären, das liegt beim Denken nur in einer Eigentümlichkeit unseres Geistes. Dort ist es die Sache selbst, welche sich die Erfahrungsform gibt, hier ist es die Organisation unseres Geistes. Dort haben wir noch nicht die ganze Sache, wenn wir die Erfahrung auffassen, hier haben wir sie.

Darinnen liegt der Dualismus begründet, den die Wissenschaft, das denkende Erkennen, zu überwinden hat. Der Mensch findet sich zwei Welten gegenüber, deren Zusammenhang er herzustellen hat. Die eine ist die Erfahrung, von der er weiß, daß sie nur die Hälfte der Wirklichkeit enthält; die andere ist das Denken, das in sich vollendet ist, in das jene äußere Erfahrungswirklichkeit einfließen muß, wenn eine befriedigende Weltansicht resultieren soll.

Wenn die Welt bloß von Sinnenwesen bewohnt wäre, so bliebe ihr Wesen (ihr ideeller Inhalt) stets im Verborgenen; die Gesetze würden zwar die Weltprozesse beherrschen, aber sie kämen nicht zur Erscheinung. Soll das letztere sein, so muß zwischen Erscheinungsform und Gesetz ein Wesen treten, dem sowohl Organe gegeben sind, durch die es jene sinnenfällige, von den Gesetzen abhängige Wirklichkeitsform wahrnimmt, als auch das Vermögen, die Gesetzlichkeit selbst wahrzunehmen. Von der einen Seite muß an ein solches Wesen die Sinnenwelt, von der andern das ideelle Wesen derselben herantreten und es muß in eigener Thätigkeit diese beiden Wirklichkeitsfaktoren verbinden.

Hier sieht man wohl ganz klar, daß sich unser Geist zu der Ideenwelt nicht wie ein Behälter verhält, der die Gedanken in sich enthält, sondern wie ein Organ, das dieselben wahrnimmt. Er ist gerade so Organ des Auffassens wie Auge und Ohr. Der Gedanke verhält sich zu unserem Geiste nicht anders wie das Licht zum Auge, der Ton zum Ohr. Es fällt gewiß niemandem ein, die Farbe wie etwas anzusehen, das sich dem Auge als Bleibenbes einprägt, das gleichsam haften bleibt an demselben. Beim Geiste ist diese Ansicht sogar die vorherrschende. Im Bewußtsein soll sich von jedem Dinge ein Gedanke bilden, der dann in demselben verbleibt, um aus demselben je nach Bedarf hervorgeholt zu werden. Man hat darauf eine eigene Theorie gegründet, als wenn die Gedanken, deren wir uns im Momente nicht bewußt sind, zwar in unserem Geiste aufbewahrt seien; nur liegen sie unter der Schwelle des Bewußtseins.

Diese abenteuerlichen Ansichten zerfließen sofort in nichts, wenn man bedenkt, daß die Ideenwelt doch eine aus sich heraus bestimmte ist. Was hat dieser durch sich selbst bestimmte Inhalt mit der Vielheit der Bewußtseine zu thun? Man wird doch nicht annehmen, daß er sich in unbestimmter Vielheit so bestimmt, daß immer der eine Teilinhalt von dem andern unabhängig ist! Die Sache liegt ja ganz klar. Der Gedankeninhalt ist ein solcher, daß nur überhaupt ein geistiges Organ notwendig ist zu seiner Erscheinung, daß aber die Zahl der mit diesem Organe begabten Wesen gleichgültig ist. Es können also unbestimmt viele geistbegabte Individuen dem einen Gedankeninhalte gegenüberstehen. Der Geist nimmt also den Gedankengehalt der Welt wahr, wie ein Auffassungsorgan. Es gibt nur einen Gedankeninhalt der Welt. Unser Bewußtsein ist nicht die Fähigkeit, Gedanken zu erzeugen und aufzubewahren, wie man so vielfach glaubt, sondern die Gedanken (Ideen) wahrzunehmen. Goethe hat dies so vortrefflich mit den Worten ausgedrückt: „Die Idee ist ewig und einzig; daß wir auch den Plural brauchen, ist nicht wohlgethan. Alles, was wir gewahr werden und wovon wir reden können, sind nur Manifestationen der Idee; Begriffe sprechen wir aus, und insoferne ist die Idee selbst ein Begriff."

Bürger zweier Welten, der Sinnen= und der Gedankenwelt, die eine von unten an ihn heranbringend, die andere von oben leuchtend, bemächtigt sich der Mensch der Wissenschaft, die er beide in eine ungetrennte Einheit verbindet. Von der einen Seite winkt uns die äußere Form, von der andern das innere Wesen, wir müssen beide vereinigen. Damit hat sich unsere Erkenntnistheorie über jenen Standpunkt erhoben, den ähnliche Untersuchungen zumeist einnehmen und der nicht über Formalitäten hinauskommt. Da sagt man: „Das Erkennen sei Bearbeitung der Erfahrung, ohne zu bestimmen, was in die letztere hineingearbeitet wird; man

bestimmt: im Erkennen fließe die Wahrnehmung in das Denken
ein oder das Denken bringe vermöge eines inneren Zwanges von
der Erfahrung zu dem hinter derselben stehenden Wesen vor."
Das sind aber lauter bloße Formalitäten. Eine Erkenntniswissen=
schaft, welche das Erkennen in seiner weltbedeutsamen Rolle er=
fassen will, muß: erstens den idealen Zweck desselben angeben.
Er besteht darinnen, der unabgeschlossenen Erfahrung durch das
Enthüllen ihres Kernes ihren Abschluß zu geben. Sie muß,
zweitens, bestimmen, was dieser Kern, inhaltlich genommen, ist?
Er ist Gedanke, Idee. Endlich drittens muß sie zeigen, wie dieses
Enthüllen geschieht? Unser Kapitel: Denken und Wahrnehmung
gibt darüber Aufschluß. Unsere Erkenntnistheorie führt zu dem
positiven Ergebnis, daß das Denken das Wesen der Welt ist und
daß das individuelle menschliche Denken die einzelne Erscheinungs=
form dieses Wesens ist. Eine bloße formale Erkenntniswissenschaft
kann das nicht, sie bleibt ewig unfruchtbar. Sie hat keine An=
sicht darüber, welche Beziehung das, was die Wissenschaft gewinnt,
zum Weltwesen und Weltgetriebe hat. Und doch muß sich ja
gerade in der Erkenntnistheorie diese Beziehung ergeben. Sie
muß uns doch zeigen, wohin wir durch unser Erkennen kommen,
wohin uns die Wissenschaft führt.

Auf keinem anderen als auf dem Wege der Erkenntnistheorie
kommt man zu der Ansicht, daß das Denken der Kern der Welt
ist. Denn sie zeigt uns den Zusammenhang des Denkens mit
der übrigen Wirklichkeit. Woraus sollten wir aber vom Denken
gewahr werden, in welcher Beziehung es zur Erfahrung steht, als
aus der Wissenschaft, die sich diese Beziehung zu untersuchen
direkt zum Ziele setzt? Und weiter, woher sollten wir von einem
geistigen oder sinnlichen Wesen wissen, daß es die Urkraft der
Welt ist, wenn wir seine Beziehung zur Wirklichkeit nicht unter=
suchten? Handelt es sich also irgendwo darum, das Wesen einer
Sache zu finden, so besteht dieses Auffinden immer in dem Zurück=
gehen auf den Ideengehalt der Welt. Das Gebiet dieses Gehaltes
darf nicht überschritten werden, wenn man innerhalb der klaren
Bestimmungen bleiben will, wenn man nicht im Unbestimmten
herumtappen will. Das Denken ist eine Totalität in sich, das
sich selbst genug ist, das sich nicht überschreiten darf ohne ins
Leere zu kommen. Mit andern Worten: es darf nicht, um irgend
etwas zu erklären, zu Dingen seine Zuflucht nehmen, die es nicht

in fich felbft findet. Ein Ding, das nicht mit dem Denken zu umfpannen wäre, wäre ein Unding. Alles geht zuletzt im Denken auf, alles findet innerhalb desselben seine Stelle.

In Bezug auf unser individuelles Bewußtsein ausgedrückt, heißt das: Wir müssen behufs wissenschaftlicher Festftellungen ftreng innerhalb des uns im Bewußtsein Gegebenen stehen bleiben, wir können dies nicht überschreiten. Wenn man nun wohl einsieht, daß wir unser Bewußtsein nicht überspringen können, ohne ins Wesenlose zu kommen, nicht aber zugleich, daß das Wesen der Dinge innerhalb unseres Bewußtseins in der Ideenwahrnehmung anzutreffen ist, so entstehen jene Irrtümer, die von einer Grenze unserer Erkenntnis sprechen. Können wir über das Bewußtsein nicht hinaus und ist das Wesen der Wirklichkeit nicht innerhalb desselben, dann können wir zum Wesen überhaupt nicht vordringen. Unser Denken ist an das Diesseits gebunden und weiß nichts vom Jenseits.

Unserer Ansicht gegenüber ist diese Meinung nichts als ein sich selbst mißverstehendes Denken. Eine Erkenntnisgrenze wäre nur möglich, wenn uns die äußere Erfahrung an sich selbst die Erforschung ihres Wesens aufdrängte, wenn sie die Fragen bestimmte, die in Ansehung ihrer zu stellen sind. Das ist aber nicht der Fall. Dem Denken entsteht das Bedürfnis, der Erfahrung, die es gewahr wird, ihr Wesen entgegenzuhalten. Das Denken kann doch nur die ganz bestimmte Tendenz haben, die ihm selbst eigene Gesetzlichkeit auch in der übrigen Welt zu sehen, nicht aber irgend etwas, wovon es selbst nicht die geringste Kunde hat.

Ein anderer Irrtum muß hier noch seine Berichtigung erfahren. Es ist der, als ob das Denken nicht hinreichend wäre, die Welt zu konstituieren, als ob zum Gedankeninhalt noch etwas (Kraft, Wille ꝛc.) hinzukommen müsse, um die Welt zu ermöglichen.

Bei genauer Erwägung sieht man aber sofort, daß sich alle solche Faktoren als nichts weiter ergeben, denn als Abstraktionen aus der Wahrnehmungswelt, die selbst erst der Erklärung durch das Denken harren. Jeder andere Bestandteil des Weltwesens als das Denken machte sofort auch eine andere Art von Auffassung, von Erkennen, nötig als die gedankliche. Wir müßten jenen anderen Bestandteil anders als durch das Denken erreichen. Denn Denken liefert denn doch nur Gedanken. Schon dadurch

4*

aber, daß man den Anteil, den jener zweite Bestandteil am Welt=
getriebe hat, erklären will und sich dabei der Begriffe bedient,
widerspricht man sich. Außerdem aber ist uns außer der Sinnes=
wahrnehmung und dem Denken kein Drittes gegeben. Und wir
können keinen Teil von jener als Kern der Welt gelten lassen,
weil alle ihre Glieder bei näherer Betrachtung zeigen, daß sie als
solche ihr Wesen nicht enthalten. Das letztere kann daher einzig
und allein im Denken gesucht werden.

14. Der Grund der Dinge und das Erkennen.

Kant hat insoferne einen großen Schritt in der Philosophie
vollbracht, als er den Menschen auf sich selbst gewiesen hat. Er
soll die Gründe der Gewißheit seiner Behauptungen aus dem suchen,
was ihm in seinem geistigen Vermögen gegeben ist und nicht in
von außen aufgedrängten Wahrheiten. Wissenschaftliche Überzeugung
nur durch sich selbst, das ist die Losung der Kantischen Philosophie.
Deshalb vorzüglich nannte er sie eine kritische im Gegensatze
zur dogmatischen, welche fertige Behauptungen überliefert erhält
und zu solchen nachträglich die Beweise sucht. Damit ist ein
Gegensatz zweier Wissenschaftsrichtungen gegeben, er ist aber von
Kant nicht in jener Schärfe gedacht worden, deren er fähig ist.

Fassen wir einmal streng ins Auge, wie eine Behauptung
der Wissenschaft zustande kommen kann. Sie verbindet zwei Dinge:
entweder einen Begriff mit einer Wahrnehmung oder zwei Begriffe.
Von letzterer Art ist z. B. die Behauptung: Keine Wirkung ohne
Ursache. Es können nun die sachlichen Gründe, warum die beiden
Begriffe zusammenfließen, jenseits dessen liegen, was sie selbst ent=
halten, was mir daher auch allein gegeben ist. Ich mag dann
noch immerhin irgend welche formelle Gründe haben (Widerspruchs=
losigkeit, bestimmte Axiome), welche mich auf eine bestimmte Ge=
dankenverbindung leiten. Auf die Sache selbst aber haben diese
keinen Einfluß. Die Behauptung stützt sich auf etwas, das ich
sachlich nie erreichen kann. Es ist für mich daher eine wirkliche
Einsicht in die Sache nicht möglich; ich weiß nur als Außen=
stehender von derselben. Hier ist das, was die Behauptung aus=
drückt, in einer mir unbekannten Welt, die Behauptung allein in
der meinigen. Dies ist der Charakter des Dogmas. Es gibt

ein zweifaches Dogma. Das Dogma der Offenbarung und jenes der Erfahrung. Das erstere überliefert dem Menschen auf irgendwelche Weise Wahrheiten über Dinge, die seinem Gesichts= kreise entzogen sind. Er hat keine Einsicht in die Welt, der die Behauptungen entspringen. Er muß an die Wahrheit derselben glauben, er kann an die Gründe nicht herankommen. Ganz ähnlich verhält es sich mit dem Dogma der Erfahrung. Ist jemand der Ansicht, daß man bei der bloßen, reinen Erfahrung stehen bleiben soll und nur deren Veränderungen beobachten kann, ohne zu den bewirkenden Kräften vorzubringen, so stellt er eben= falls über die Welt Behauptungen auf, zu deren Gründen er keinen Zugang hat. Auch hier ist die Wahrheit keine durch Ein= sicht in die innere Wirksamkeit der Sache gewonnene, sondern von einem der Sache selbst Äußerlichen aufgedrängte. Beherrschte das Dogma der Offenbarung die frühere Wissenschaft, so leidet durch das Dogma der Erfahrung die heutige.

Unsere Ansicht hat gezeigt, daß jede Annahme von einem Seinsgrunde, der außerhalb der Idee liegt, ein Unding ist. Der gesamte Seinsgrund hat sich in die Welt ausgegossen, er ist in sie aufgegangen. Im Denken zeigt er sich in seiner vollendetsten Form, sowie er an und für sich selbst ist. Vollzieht daher das Denken eine Verbindung, fällt es ein Urteil, so ist es der in dasselbe eingeflossene Inhalt des Weltgrundes selbst, der verbunden wird. Im Denken sind uns nicht Behauptungen gegeben über irgend einen jenseitigen Weltengrund, sondern derselbe ist substantiell in dasselbe eingeflossen. Wir haben eine unmittelbare Einsicht in die sachlichen, nicht bloß in die formellen Gründe, warum sich ein Urteil vollzieht. Nicht über irgend etwas Fremdes, sondern über seinen eigenen Inhalt bestimmt das Urteil. Unsere Ansicht be= gründet daher ein wahrhaftes Wissen. Unsere Erkenntnistheorie ist wirklich kritisch. Unserer Ansicht gemäß darf nicht nur der Offenbarung gegenüber nichts zugelassen werden, wofür nicht inner= halb des Denkens sachliche Gründe da sind; sondern auch die Er= fahrung muß innerhalb des Denkens nicht nur nach der Seite ihrer Erscheinung, sondern als Wirkendes erkannt werden. Durch unser Denken erheben wir uns von der Anschauung der Wirklich= keit als einem Produkte zu der als einem Produzierenden.

So tritt das Wesen eines Dinges nur dann zutage, wenn dasselbe in Beziehung zum Menschen gebracht wird. Denn nur

in letzterem erscheint für jedes Ding das Wesen. Das begründet
einen Relativismus als Weltansicht, d. h. die Denkrichtung, welche
annimmt, daß wir alle Dinge in dem Lichte sehen, das ihnen
vom Menschen selbst verliehen wird. Diese Ansicht führt auch den
Namen Anthropomorphismus. Sie hat viele Vertreter. Die Mehr=
zahl derselben aber glaubt, daß wir uns durch diese Eigentümlich=
keit unseres Erkennens von der Objektivität, wie sie an und für
sich ist, entfernen. Wir nehmen, so glauben sie, alles durch die
Brille der Subjektivität wahr. Unsere Auffassung zeigt uns das
gerade Gegenteil davon. Wir müssen die Dinge durch diese Brille
betrachten, wenn wir zu ihrem Wesen kommen wollen. Die Welt
ist uns nicht allein so bekannt, wie sie uns erscheint, sondern sie
erscheint so, allerdings nur der denkenden Betrachtung, wie sie ist.
Die Gestalt von der Wirklichkeit, welche der Mensch in
der Wissenschaft entwirft, ist die letzte wahre Gestalt
derselben.

Nunmehr obliegt es uns noch, die Art des Erkennens, die
wir als die richtige, d. h. zum Wesen der Wirklichkeit führende,
erkannt haben, auf die einzelnen Wirklichkeitsgebiete auszudehnen.
Wir werden nun zeigen, wie in den einzelnen Formen der Er=
fahrung deren Wesen zu suchen ist.

E. Das Natur-Erkennen.

15. Die unorganische Natur.

Als die einfachste Art von Naturwirksamkeit erscheint uns jene, bei der ein Vorgang ganz das Ergebnis von Faktoren ist, die einander äußerlich gegenüberstehen. Da ist ein Ereignis, oder eine Beziehung zwischen zwei Objekten nicht bedingt von einem Wesen, das sich in den äußeren Erscheinungsformen darlebt, von einer Individualität, die ihre inneren Fähigkeiten und ihren Charakter in einer Wirkung nach außen kundgibt. Sie sind allein dadurch hervorgerufen, daß ein Ding in seinem Geschehen einen gewissen Einfluß auf das andere ausübt, seine eigenen Zustände auf andere überträgt. Es erscheinen die Zustände des einen Dinges als Folge jener des andern. Das System von Wirksamkeiten, die in dieser Weise erfolgen, daß immer eine Thatsache die Folge von andern ihr gleichartigen ist, nennt man unorganische Natur.

Es hängt hier der Verlauf eines Vorganges oder das Charakteristische eines Verhältnisses von äußeren Bedingungen ab, die Thatsachen tragen Merkmale an sich, die das Resultat jener Bedingungen sind. Ändert sich die Art, in der diese äußeren Faktoren zusammentreten, so ändert sich natürlich auch die Folge ihres Zusammenbestehens; es ändert sich das herbeigeführte Phänomen.

Wie ist nun diese Weise des Zusammenbestehens bei der unorganischen Natur, so wie sie unmittelbar in das Feld unserer Beobachtung eintritt? Sie trägt ganz jenen Charakter, den wir oben als den der unmittelbaren Erfahrung kennzeichneten. Wir haben es hier nur mit einem Specialfall jener „Erfahrung im allgemeinen" zu thun. Es kommt hier auf die Verbindungen der sinnenfälligen Thatsachen an. Diese Verbindungen aber sind es gerade, die uns in der Erfahrung unklar, undurchsichtig er=

ſcheinen. Eine Thatſache a tritt uns gegenüber, gleichzeitig
aber zahlreiche andere. Wenn wir unſeren Blick über die hier
gebotene Mannigfaltigkeit ſchweifen laſſen, ſind wir völlig im Un=
klaren, welche von den andern Thatſachen mit der in Rede ſtehenden
a in näherer, welche in entfernterer Beziehung ſtehen. Es können
ſolche da ſein, ohne die das Ereignis gar nicht eintreten kann;
und wieder ſolche, die es nur modifizieren, ohne die es alſo ganz
wohl eintreten könnte, nur hätte es dann unter anderen Neben=
umſtänden eine andere Geſtalt.

Damit iſt uns zugleich der Weg gewieſen, den das Erkennen
auf dieſem Felde zu nehmen hat. Genügt uns die Kombination
der Thatſachen in der unmittelbaren Erfahrung nicht, dann müſſen
wir zu einer andern, unſer Erklärungsbedürfnis befriedigenden
fortſchreiten. Wir haben Bedingungen zu ſchaffen, auf daß uns
ein Vorgang in durchſichtiger Klarheit als die notwendige Folge
dieſer Bedingungen erſcheint.

Wir erinnern uns, warum eigentlich das Denken in unmittel=
barer Erfahrung bereits ſein Weſen enthält. Weil wir innerhalb,
nicht außerhalb jenes Prozeſſes ſtehen, der aus den einzelnen Ge=
dankenelementen Gedankenverbindungen ſchafft. Dadurch iſt uns
nicht allein der vollendete Prozeß, das Bewirkte gegeben, ſondern
das Wirkende. Und darauf kommt es an, daß wir in irgend
einem Vorgange der Außenwelt, der uns gegenübertritt, zuerſt die
treibenden Gewalten ſehen, die ihn vom Mittelpunkte des Welt=
ganzen heraus an die Peripherie bringen. Die Undurchſichtigkeit
und Unklarheit einer Erſcheinung oder eines Verhältniſſes der
Sinnenwelt kann nur überwunden werden, wenn wir ganz genau
erſehen, daß ſie das Ergebnis einer beſtimmten Thatſachen=
konſtellation ſind. Wir müſſen wiſſen, der Vorgang, den wir
jetzt ſehen, entſteht durch das Zuſammenwirken dieſes und jenes
Elementes der Sinnenwelt. Dann muß eben die Weiſe dieſes
Zuſammenwirkens unſerem Verſtande vollkommen durchdringlich
ſein. Das Verhältnis, in das die Thatſachen gebracht werden,
muß ein ideelles, ein unſerem Geiſte gemäßes ſein. Die Dinge
werden ſich natürlich, in den Verhältniſſen, in die ſie durch den
Verſtand gebracht werden, ihrer Natur gemäß verhalten.

Wir ſehen ſogleich, was damit gewonnen wird. Blicke ich
aufs Geratewohl in die Sinnenwelt, ſo ſehe ich Vorgänge, die
durch das Zuſammenwirken ſo vieler Faktoren hervorgebracht ſind,

daß es mir unmöglich iſt, unmittelbar zu ſehen, was eigentlich als Wirkendes hinter dieſer Wirkung ſteht. Ich ſehe einen Vor= gang und zugleich die Thatſachen a, b, c und d. Wie ſoll ich da ſogleich wiſſen, welche von dieſen Thatſachen mehr, welche weniger an dem Vorgang beteiligt ſind? Die Sache wird durch= ſichtig, wenn ich erſt unterſuche, welche von den vier Thatſachen unbedingt notwendig ſind, damit der Prozeß überhaupt eintrete. Ich finde z. B., daß a und c unbedingt nötig ſind. Hernach finde ich, daß ohne d der Prozeß zwar eintrete, aber mit erheb= licher Änderung, wogegen ich erſehe, daß b gar keine weſentliche Bedeutung hat und auch durch anderes erſetzt werden könnte.

Im Nebenſtehenden ſoll I. die Grup= pierung der Elemente für die bloße Sinneswahrnehmung; II. die für den Geiſt ſymboliſch dargeſtellt werden. Der Geiſt gruppiert alſo die Thatſachen der unorganiſchen Welt ſo, daß er in einem Geſchehen oder einer Beziehung die Folge

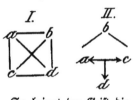

der Verhältniſſe der Thatſachen erblickt. So bringt der Geiſt die Notwendigkeit in die Zufälligkeit. Wir wollen das an einigen Beiſpielen klarlegen. Wenn ich ein Dreieck a b c vor mir habe, ſo erſehe ich auf den erſten Blick wohl nicht, daß die Summe der drei Winkel ſtets einem geſtreckten gleichkommt. Es wird ſo= gleich klar, wenn ich die Thatſachen in folgender Weiſe gruppiere.

Aus den nebenſtehenden Fi= guren ergiebt ſich wohl ſo= gleich, daß die Winkel a′ = a; b′ = b ſind. (A B und C D reſp. A′ B′ und C′ D′ ſind parallel.)

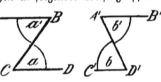

Habe ich nun ein Dreieck vor mir und ziehe ich durch die Spitze C eine parallele Gerade zur Grundlinie A B, ſo finde ich, wenn ich Obiges anwende, in Bezug auf die Winkel a′ = a; b′ = b. Da nun c ſich ſelbſt gleich iſt, ſo ſind not= wendig alle drei Dreieckswinkel zu= ſammen einem geſtreckten Winkel gleich. Ich habe hier einen komplizierten That=

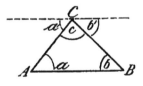

sachenzusammenhang dadurch erklärt, daß ich ihn auf solche einfache Thatsachen zurückführte, wo aus dem Verhältnisse, das dem Geiste gegeben ist, die entsprechende Beziehung mit Notwendigkeit aus der Natur der gegebenen Dinge folgt.

Ein anderes Beispiel ist folgendes: Ich werfe einen Stein in wagerechter Richtung. Er beschreibt eine Bahn, die wir in der 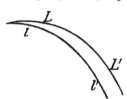 Linie 11' abgebildet haben. Wenn ich mir die treibenden Kräfte betrachte, die hier in Betracht kommen, so finde ich: 1) die Stoßkraft, die ich ausgeübt; 2) die Kraft, mit der die Erde den Stein an= zieht; 3) die Kraft des Luftwiderstandes.

Ich finde bei näherer Überlegung, daß die beiden ersten Kräfte die wesent= lichen, die Eigentümlichkeit der Bahn bewirkenden sind, während die dritte nebensächlich ist. Wirkten nur die beiden ersten, so beschriebe der Stein die Bahn LL'. Die letztere finde ich, wenn ich von der dritten Kraft ganz absehe und nur die beiden ersten in Zusammenhang bringe. Das thatsächlich auszuführen, ist weder möglich noch nötig. Ich kann nicht allen Widerstand be= seitigen. Ich brauche dafür aber nur das Wesen der beiden ersten Kräfte gedanklich zu erfassen, sie dann in die notwendige Beziehung ebenfalls nur gedanklich bringen, und es ergibt sich die Bahn LL' als jene, die notwendig erfolgen müßte, wenn nur die zwei Kräfte zusammenwirkten.

In dieser Weise löst der Geist alle Phänomen der unorganischen Natur in solche auf, wo ihm die Wirkung unmittelbar mit Notwendigkeit aus dem Bewirkenden hervorzugehen scheint.

Bringt man dann, wenn man das Bewegungsgesetz des Steines infolge der beiden ersten Kräfte hat, noch die dritte Kraft hinzu, so ergibt sich die Bahn 11'. Weitere Bedingungen könnten die Sache noch mehr komplizieren. Jeder zusammengesetzte Vor= gang der Sinnenwelt erscheint als ein Gewebe jener einfachen, vom Geiste durchdrungenen Thatsachen und ist in dieselben auflösbar.

Ein solches Phänomen nun, bei dem der Charakter des Vor= ganges unmittelbar aus der Natur der in Betracht kommenden Faktoren in durchsichtig klarer Weise folgt, nennen wir ein Ur= phänomen oder eine Grundthatsache.

Dieses Urphänomen ist identisch mit dem objektiven Naturgesetz. Denn es ist in demselben nicht allein ausgesprochen, daß ein Vorgang unter bestimmten Verhältnissen erfolgt ist, sondern daß er erfolgen mußte. Man hat eingesehen, daß er bei der Natur dessen, was da in Betracht kam, erfolgen mußte. Man fordert heute so allgemein den Empirismus, da man glaubt, mit jeder Annahme, die das empirisch Gegebene überschreitet, tappe man im Unsichern herum. Wir sehen, daß wir ganz innerhalb der Phänomene stehen bleiben können und doch das Notwendige antreffen. Die induktive Methode, die heute vielfach vertreten ist, kann das nie. Sie geht im wesentlichen in folgender Weise vor. Sie sieht ein Phänomen, das unter gegebenen Bedingungen in einer bestimmten Weise erfolgt. Ein zweites Mal sieht sie unter ähnlichen Bedingungen dasselbe Phänomen eintreten. Daraus folgert sie, daß ein allgemeines Gesetz bestehe, wonach dieses Ereignis eintreten müsse und spricht dieses Gesetz als solches aus. Eine solche Methode bleibt den Erscheinungen vollkommen äußerlich. Sie bringt nicht in die Tiefe. Ihre Gesetze sind Verallgemeinerungen von einzelnen Thatsachen. Sie muß immer erst von den einzelnen Thatsachen die Bestätigung der Regel abwarten. Unsere Methode weiß, daß ihre Gesetze einfach Thatsachen sind, die aus dem Wirrsal der Zufälligkeit herausgerissen und zu notwendigen gemacht sind. Wir wissen, daß, wenn die Faktoren a und b da sind, notwendig eine bestimmte Wirkung eintreten muß. Wir gehen nicht über die Erscheinungswelt hinaus. Der Inhalt der Wissenschaft, wie wir ihn denken, ist nichts weiter als objektives Geschehen. Geändert ist nur die Form der Zusammenstellung der Fakten. Aber durch diese ist man gerade einen Schritt tiefer in die Objektivität hinein gedrungen, als ihn die Erfahrung möglich macht. Wir stellen die Fakten so zusammen, daß sie ihrer eigenen Natur und nur dieser gemäß wirken und daß diese Wirkung nicht durch diese oder jene Verhältnisse modifiziert werde.

Wir legen den größten Wert darauf, daß diese Ausführungen überall gerechtfertigt werden können, wo man in den wirklichen Betrieb der Wissenschaft blickt. Es widersprechen ihnen nur die irrtümlichen Ansichten, die man über die Tragweite und die Natur der wissenschaftlichen Sätze hat. Während sich viele unserer Zeitgenossen mit ihren eigenen Theorien in Widerspruch versetzen, wenn sie das Feld der praktischen Forschung betreten, ließe sich die Harmonie aller wahren Forschung mit unseren Auseinandersetzungen in jedem einzelnen Falle leicht nachweisen.

Unsere Theorie fordert für jedes Naturgesetz eine bestimmte Form. Es setzt einen Zusammenhang von Thatsachen voraus und stellt fest, daß, wenn derselbe irgendwo in der Wirklichkeit eintrifft, ein bestimmter Vorgang statthaben muß. Jedes Naturgesetz hat daher die Form: wenn dieses Faktum mit jenem zusammenwirkt, so entsteht diese Erscheinung...... Es wäre leicht nachzuweisen, daß alle Naturgesetze wirklich diese Form haben: Wenn zwei Körper von ungleicher Temperatur aneinander grenzen, so fließt so lange Wärme von dem wärmeren in den kälteren, bis die Temperatur in beiden gleich ist. Wenn eine Flüssigkeit in zwei Gefäßen ist, die mit einander in Verbindung stehen, so stellt sich das Niveau in beiden Gefäßen gleich hoch. Wenn ein Körper zwischen einer Lichtquelle und einem anderen Körper steht, so wirft er auf denselben einen Schatten. Was in Mathematik, Physik und Mechanik nicht bloße Beschreibung ist, das muß Urphänomen sein.

Auf dem Gewahrwerden der Urphänomene beruht aller Fortschritt der Wissenschaft. Wenn es gelingt, einen Vorgang aus den Verbindungen mit anderen herauszulösen und ihn rein für die Folge bestimmter Erfahrungselemente zu erklären, ist man einen Schritt tiefer in das Weltgetriebe eingedrungen.

Wir haben gesehen, daß sich das Urphänomen rein im Gedanken ergibt, wenn man die in Betracht kommenden Faktoren ihrem Wesen gemäß im Denken in Zusammenhang bringt. Man kann aber die notwendigen Bedingungen wirklich künstlich herstellen. Das geschieht beim wissenschaftlichen Versuche. Da haben wir das Eintreten gewisser Thatsachen in unserer Gewalt. Natürlich können wir nicht von allen Nebenumständen absehen. Aber es gibt ein Mittel, doch über die letzteren hinwegzukommen. Man stellt ein Phänomen in verschiedenen Modifikationen her. Man läßt einmal die, einmal jene Nebenumstände wirken. Dann findet man, daß sich ein Konstantes durch alle diese Modifikationen hindurchzieht. Man muß das Wesentliche eben in allen Kombinationen beibehalten. Man findet, daß in allen diesen einzelnen Erfahrungen ein Thatsachenbestandteil derselbe bleibt. Dieser ist höhere Erfahrung in der Erfahrung. Er ist Grundthatsache oder Urphänomen.

Der Versuch soll uns versichern, daß nichts anderes einen

bestimmten Vorgang beeinflußt, als was wir in Rechnung bringen. Wir stellen gewisse Bedingungen zusammen, deren Natur wir kennen, und warten ab, was daraus erfolgt. Da haben wir das objektive Phänomen auf Grund subjektiver Schöpfung. Wir haben ein Objektives, das zugleich durch und durch subjektiv ist. Der Versuch ist daher der wahre Vermittler von Subjekt und Objekt in der unorganischen Naturwissenschaft.

Die Keime zu der von uns hier entwickelten Ansicht finden sich in dem Briefwechsel Goethes mit Schiller. Die Briefe Goethes 410, 413 und jene Schillers 412, 414 befassen sich damit. Sie bezeichnen diese Methode als rationellen Empirismus, weil sie nichts als objektive Vorgänge zum Inhalte der Wissenschaft macht; diese objektiven Vorgänge aber zusammengehalten werden von einem Gewebe von Begriffen (Gesetzen), das unser Geist in ihnen entdeckt. Die sinnenfälligen Vorgänge in einem nur dem Denken faßbaren Zusammenhange, das ist rationeller Empirismus. Hält man jene Briefe zusammen mit Goethes Aufsatz: „Der Versuch als Vermittler von Subjekt und Objekt", so wird man in der obigen Theorie die konsequente Folge davon erblicken.*)

In der unorganischen Natur trifft also durchaus das allgemeine Verhältnis, das wir zwischen Erfahrung und Wissenschaft festgestellt haben, zu. Die gewöhnliche Erfahrung ist nur die halbe Wirklichkeit. Für die Sinne ist nur diese eine Hälfte da. Die andere Hälfte ist nur für unser geistiges Auffassungsvermögen vorhanden. Der Geist erhebt die Erfahrung von einer „Erscheinung für die Sinne" zu seiner eigenen. Wir haben gezeigt, wie es auf diesem Felde möglich ist, sich vom Gewirkten zum Wirkenden zu erheben. Das letztere findet der Geist, wenn er an das erstere herantritt.

Wissenschaftliche Befriedigung wird uns von einer Ansicht erst dann, wenn sie uns in eine abgeschlossene Ganzheit einführt. Nun zeigt sich aber die Sinnenwelt als unorganische an keinem

---

*) Interessant ist, daß Goethe noch einen zweiten Aufsatz geschrieben hat, in dem er die Gedanken jenes über den Versuch weiter ausgeführt. Wir können uns den Aufsatz aus Schillers Brief vom 19. Januar 1798 rekonstruieren. Goethe teilt da die Methoden der Wissenschaft in: gemeinen Empirismus, der bei den äußerlichen, den Sinnen gegebenen Phänomenen stehen bleibt; in den Rationalismus, der auf ungenügende Beobachtung hin Gedankensysteme aufbaut, der also, statt die Thatsachen ihrem Wesen gemäß zu gruppieren, künstlich zuerst die Zusammenhänge ausklügelt und dann in phantastischer Weise daraus etwas in die Thatsachenwelt hineinließt; dann endlich in den rationellen Empirismus, der nicht bei der gemeinen Erfahrung stehen bleibt, sondern Bedingungen schafft, unter denen die Erfahrung ihr Wesen enthüllt.

ihrer Punkte als abgeschlossen, nirgends tritt ein individuelles Ganze auf. Immer weist uns ein Vorgang auf einen andern, von dem er abhängt, dieser auf einen dritten u. s. f. Wo ist hier ein Abschluß? Die Sinnenwelt als unorganische bringt es nicht zur Individualität. Nur in ihrer Allheit ist sie abgeschlossen. Wir müssen daher streben, um ein Ganzes zu haben, die Gesamtheit des Unorganischen als ein System zu begreifen. Ein solches System ist der Kosmos.

Das durchdringende Verständnis des Kosmos ist Ziel und Ideal der unorganischen Naturwissenschaft. Jedes nicht bis dahin vordringende wissenschaftliche Streben ist bloße Vorbereitung; ein Glied des Ganzen, nicht das Ganze selbst. —

16. Die organische Natur.

Lange Zeit hat die Wissenschaft vor dem Organischen Halt gemacht. Sie hielt ihre Methoden nicht für ausreichend, das Leben und seine Erscheinungen zu begreifen. Ja sie glaubte überhaupt, daß jede Gesetzlichkeit, wie eine solche in der unorganischen Natur wirksam ist, hier aufhöre. Was man in der unorganischen Welt zugab, daß uns eine Erscheinung begreiflich wird, wenn wir ihre natürlichen Vorbedingungen kennen, leugnete man hier einfach. Man dachte sich den Organismus nach einem bestimmten Plane des Schöpfers zweckmäßig angelegt. Jedes Organ hätte seine Bestimmung vorgezeichnet; alles Fragen könne sich hier nur darauf beziehen: welches ist der Zweck dieses oder jenes Organes, wozu ist das oder jenes da? Wandte man sich in der unorganischen Welt an die **Vor**bedingungen einer Sache, so hielt man diese für die Thatsachen des Lebens ganz gleichgültig und legte den Hauptwert auf die **Bestimmung** eines Dinges. Auch fragte man bei den Prozessen, die das Leben begleiten, nicht so wie bei den physikalischen Erscheinungen nach den natürlichen Ursachen, sondern meinte sie einer besonderen Lebenskraft zuschreiben zu müssen. Was sich da im Organismus bildet, das dachte man sich als das Produkt dieser Kraft, die sich einfach über die sonstigen Naturgesetze hinwegsetzt. Die Wissenschaft mußte eben bis zum Beginne unseres Jahrhunderts mit den Organismen nichts anzufangen. Sie war allein auf das Gebiet der unorganischen Welt beschränkt.

Indem man so die Gesetzmäßigkeit des Organischen nicht in der Natur der Objekte suchte, sondern in dem Gedanken, den der Schöpfer bei ihrer Bildung befolgt, schnitt man sich auch alle Möglichkeit einer Erklärung ab. Wie soll mir jener Gedanke kund werden? Ich bin doch auf das beschränkt, was ich vor mir habe. Enthüllt mir dieses selbst innerhalb meines Denkens seine Gesetze nicht, dann hört meine Wissenschaft eben auf. Von dem Erraten der Pläne, die ein außerhalb stehendes Wesen hatte, kann im wissenschaftlichen Sinne nicht die Rede sein.

Am Ende des vorigen Jahrhunderts war die Ansicht wohl allgemein noch die herrschende, daß es eine Wissenschaft als Er-klärung der Lebenserscheinungen in dem Sinne wie z. B. die Physik eine erklärende Wissenschaft ist, nicht gebe. Kant hat sogar derselben eine philosophische Begründung zu geben versucht. Er hielt nämlich unseren Verstand für einen solchen, der nur von dem Besonderen auf das Allgemeine gehen könne. Das Besondere, die Einzeldinge, seien ihm gegeben und daraus abstrahiere er seine allgemeinen Gesetze. Diese Art des Denkens nennt Kant discursiv und hält sie für die allein dem Menschen zukommende. Daher gibt es nach seiner An... nur von den Dingen eine Wissenschaft, wo das Besondere an u... für sich genommen ganz begriffslos ist und nur unter einen ab... : Begriff subsumiert wird. Bei den Organismen fand Kant ... Bedingung nicht erfüllt. Hier verrät die einzelne Erscheinung eine zweckmäßige d. i. begriffs-mäßige Einrichtung. Das Besondere trägt Spuren des Begriffes an sich. Solche Wesen aber zu begreifen fehlt uns, nach der Anschauung des Königsberger Philosophen, jede Anlage. Wir können nur das verstehen, wo Begriff und Einzelding getrennt sind; jener ein Allgemeines, dieses ein Besonderes darstellt. Es bleibt uns also nichts übrig als unseren Beobachtungen der Organismen die Idee der Zweckmäßigkeit zu Grunde zu legen; die Lebewesen zu behandeln, als ob ihren Erscheinungen ein System von Absichten zu Grunde liege. Kant hat also die Unwissen-schaftlichkeit hier gleichsam wissenschaftlich begründet.

Goethe hat nun gegen solch unwissenschaftliches Gebahren ent-schieden protestiert. Er konnte nie einsehen, warum unser Denken nicht auch ausreichen sollte, bei einem Organe eines Lebewesens zu fragen: woher entspringt es, statt wozu dient es. Das lag in seiner Natur, die ihn stets drängte jedes Wesen in seiner

inneren Vollkommenheit zu erbliden. Es ſchien ihm eine unwiſſen-
ſchaftliche Betrachtungsweiſe, welche ſich nur um die äußere Zwect-
mäßigkeit eines Organes d. h. um deſſen Nutzen für ein anderes
kümmert. Was ſoll das mit der inneren Weſenheit eines Dinges
zu thun haben? Darauf kommt es ihm nie an, wozu etwas nützt;
ſtets nur darauf, wie es ſich entwickelt. Nicht als abgeſchloſſenes
Ding will er ein Objekt betrachten, ſondern in ſeinem Werden,
damit er erkennt, welchen Urſprunges es iſt. An Spinoza zog
ihn beſonders an, daß dieſer die äußerliche Zweckmäßigkeit der
Organe und Organismen nicht gelten ließ. Goethe forderte für
das Erkennen der organiſchen Welt eine Methode, die genau in
dem Sinne wiſſenſchaftlich iſt, wie es die iſt, die wir auf die
unorganiſche Welt anwenden.

Zwar nicht in ſo genialer Weiſe wie bei ihm, aber nicht
minder dringend trat das Bedürfnis nach einer ſolchen Methode
in der Naturwiſſenſchaft immer wieder auf. Heute zweifelt wohl
nur mehr ein ſehr kleiner Bruchteil der Forſcher an der Möglichkeit
derſelben. Ob aber die Verſuche, die man hie und da gemacht, eine
ſolche einzuführen, geglückt ſind, das iſt freilich eine andere Frage.

Man hat da vor allem einen großen Irrtum begangen.
Man glaubte die Methode der unorganiſchen Wiſſenſchaft in das
Organismenreich einfach herübernehmen zu ſollen. Man hielt die
hier angewendete Methode überhaupt für die einzig wiſſenſchaftliche
und dachte, wenn die Organik wiſſenſchaftlich möglich ſein ſoll,
dann müſſe ſie' es genau in dem Sinne ſein, in dem es die
Phyſik z. B. iſt. Die Möglichkeit aber, daß vielleicht der Begriff der Wiſſenſchaftlichkeit ein viel weiterer ſei als: die Erklärung
der Welt nach den Geſetzen der phyſikaliſchen Welt, vergaß man.
Auch heute iſt man bis zu dieſer Erkenntnis noch nicht durch-
gedrungen. Statt zu unterſuchen, worauf denn eigentlich die
Wiſſenſchaftlichkeit der anorganiſchen Wiſſenſchaften beruht, und
dann nach der Methode zu ſuchen, die ſich unter Feſthaltung der
ſich hieraus ergebenden Anforderungen auf die Lebewelt anwenden
läßt, erklärt man einfach die auf jener unteren Stufe des Daſeins
gewonnenen Geſetze für univerſell.

Man ſollte aber vor allem unterſuchen, worauf das wiſſenſchaftliche Denken überhaupt beruht. Wir haben das in unſerer
Abhandlung gethan. Wir haben im vorigen Kapitel auch erkannt,
daß die anorganiſche Geſetzlichkeit nichts einzig Daſtehendes iſt,

sondern nur ein Specialfall von aller möglichen Gesetzmäßigkeit überhaupt. Die Methode der Physik ist einfach ein besonderer Fall einer allgemeinen wissenschaftlichen Forschungsweise, wobei auf die Natur der in Betracht kommenden Gegenstände, auf das Gebiet, dem diese Wissenschaft dient, Rücksicht genommen ist. Wird diese Methode auf das Organische ausgedehnt, dann löscht man die specifische Natur des letzteren aus. Statt das Organische seiner Natur gemäß zu erforschen, drängt man ihm eine ihm fremde Gesetzmäßigkeit auf. So aber, indem man das Organische leugnet, wird man es nie erkennen. Ein solches wissenschaftliches Gebahren wiederholt einfach das, was es auf einer niederen Stufe gewonnen, auf einer höheren; und während es glaubt die höhere Daseinsform unter die anderweitig fertig gestellten Gesetze zu bringen, entschlüpft ihm diese Form unter seiner Bemühung, weil es sie in ihrer Eigentümlichkeit nicht festzuhalten und zu behandeln weiß.

Alles das kommt von der irrtümlichen Ansicht, die da glaubt, die Methode einer Wissenschaft sei ein den Gegenständen derselben Äußerliches, nicht von diesen, sondern von unserer Natur Bedingtes. Man glaubt, man müsse in einer bestimmten Weise über die Objekte denken und zwar über alle — über das ganze Universum — in gleicher Weise. Man stellt Untersuchungen an, die da zeigen sollen: wir könnten vermöge der Natur unseres Geistes nur induktiv, nur deduktiv 2c. denken. Dabei übersieht man nur, daß die Objekte die Betrachtungsweise, die wir ihnen da vindizieren wollen, vielleicht gar nicht vertragen.

Daß der Vorwurf, den wir der organischen Naturwissenschaft unserer Tage machen: sie übertrage auf die organische Natur nicht das Princip wissenschaftlicher Betrachtungsweise überhaupt, sondern das der unorganischen Natur, vollauf berechtigt ist, lehrt uns ein Blick auf die Ansichten gewiß des bedeutendsten der naturforschenden Theoretiker der Gegenwart, Haeckels.

Wenn er von allem wissenschaftlichen Bestreben fordert, daß „der ursächliche Zusammenhang der Erscheinungen überall zur Geltung komme"*), wenn er sagt: „Wenn die psychische Mechanik nicht so unendlich zusammengesetzt wäre, wenn wir imstande wären, auch die geschichtliche Entwicklung der psychischen Funktionen vollständig zu übersehen, so würden wir sie alle in eine mathematische Seelenformel bringen können", so sieht man daraus deutlich, was

*) Haeckel, Die Naturanschauung von Darwin, Lamark und Haeckel. 1882. S. 53.

er will: Die gesamte Welt nach der Schablone der physi=
kalischen Methode behandeln.

Diese Forderung liegt aber auch dem Darwinismus, nicht
in seiner ursprünglichen Gestalt, sondern in seiner heutigen Deu=
tung, zu Grunde. Wir haben gesehen, daß in der unorganischen
Natur einen Vorgang erklären heißt: sein gesetzmäßiges Her=
vorgehen aus anderen sinnenfälligen Wirklichkeiten zu zeigen, ihn
von Gegenständen, die wie er der sinnlichen Welt angehören, ab=
leiten. Wie verwendet die heutige Organik aber das Princip der
Anpassung und des Kampfes ums Dasein, die beide als der
Ausdruck eines Thatbestandes von uns gewiß nicht an=
gezweifelt werden sollen? Man glaubt geradezu den Charakter
einer bestimmten Art aus den äußeren Verhältnissen, in denen sie
gelebt, ebenso ableiten zu können, wie etwa die Erwärmung eines
Körpers aus den auffallenden Sonnenstrahlen Man vergißt voll=
ständig, daß man jenen Charakter seinen inhaltsvollen Bestimmungen
nach nie als eine Folge dieser Verhältnisse aufweisen kann. Die
Verhältnisse mögen einen bestimmenden Einfluß haben, eine er=
zeugende Ursache sind sie nicht. Wir sind wohl imstande zu
sagen: Unter dem Eindrucke dieses oder jenes Thatbestandes mußte
sich eine Art so entwickeln, daß sich dieses oder jenes Organ be=
sonders ausbildete; das Inhaltliche aber, das Specifisch=Organische
läßt sich aus äußeren Verhältnissen nicht ableiten. Ein organisches
Wesen hätte die wesentlichen Eigenschaften a b c; nun ist es unter
dem Einflusse bestimmter äußerer Verhältnisse zu Entwicklung ge=
langt. Daher haben seine Eigenschaften die besondere Gestalt
a_1 b_1 c_1 angenommen. Wenn wir diese Einflüsse in Erwägung
ziehen, so werden wir begreifen, daß sich a in der Form von a_1
entwickelt hat, b in b_1; c in c_1. Aber die specifische Natur des
a, b und c kann sich uns nimmermehr als Ergebnis äußerer
Verhältnisse ergeben.

Man muß vor allem sein Denken darauf richten: woher
nehmen wir denn den Inhalt desjenigen Allgemeinen, als dessen
Specialfall wir das einzelne organische Wesen ansehen. Wir wissen
ganz gut, daß die Specialisierung von der Einwirkung von außen
kommt. Aber die specialisierte Gestalt selbst müssen wir aus einem
inneren Principe ableiten. Daß sich gerade diese besondere Form
entwickelt hat, darüber gewinnen wir Aufschluß, wenn wir die
Umgebung eines Wesens studieren. Nun aber ist diese besondere

Form doch an und für sich etwas, wir erblicken sie mit gewissen Eigenschaften. Wir sehen, worauf es ankommt. Es tritt der äußeren Erscheinung ein in sich gestalteter Inhalt gegenüber, der uns das an die Hand gibt, was wir brauchen, um jene Eigenschaften abzuleiten. In der unorganischen Natur nehmen wir eine Thatsache wahr, und suchen behufs ihrer Erklärung eine zweite, eine dritte u. s. w. und das Ergebnis ist, jene erste erscheint uns als die notwendige Folge der letzteren. In der organischen Welt ist es nicht so. Hier bedürfen wir außer den Thatsachen noch eines Faktors. Wir müssen den Einwirkungen der äußeren Umstände etwas zu Grunde legen, das sich nicht passiv von jenen bestimmen läßt, sondern sich aktiv aus sich selbst unter dem Einflusse jener bestimmt.

Was ist aber diese Grundlage? Es kann doch nichts sein, als das, was im Besondern erscheint in der Form der Allgemeinheit. Im Besondern erscheint aber immer ein bestimmter Organismus. Jene Grundlage ist daher ein Organismus in der Form der Allgemeinheit. Ein allgemeines Bild des Organismus, das alle besondern Formen desselben in sich begreift.

Wir wollen nach dem Vorgange Goethes diesen allgemeinen Organismus Typus nennen. Mag das Wort Typus seiner sprachlichen Entwicklung nach was immer noch bedeuten; wir gebrauchen es in diesem Goetheschen Sinne und denken dabei nie etwas anderes als das Angegebene. Dieser Typus ist in keinem Einzel-Organismus in aller seiner Vollkommenheit ausgebildet. Nur unser vernunftgemäßes Denken ist imstande, sich desselben zu bemächtigen, indem es ihn als allgemeines Bild aus den Erscheinungen abzieht. Der Typus ist somit die Idee des Organismus: die Tierheit im Tiere, die allgemeine Pflanze in der speciellen.

Man darf sich unter diesem Typus nichts Festes vorstellen. Er hat ganz und gar nichts zu thun mit dem, was Agassiz, Darwins bedeutendster Bekämpfer, einen „verkörperten Schöpfungsgedanken Gottes" nannte. Der Typus ist etwas durchaus Flüssiges, aus dem sich alle besondere Arten und Gattungen, die man als Untertypen, specialisierte Typen ansehen kann, ableiten lassen. Der Typus schließt die Descendenztheorie nicht aus. Er widerspricht nicht der Thatsache, daß sich die organischen Formen auseinander entwickeln. Er ist nur der vernunftgemäße Protest dagegen, daß die organische Entwicklung rein in den nacheinander

auftretenden, thatsächlichen (sinnlich wahrnehmbaren) Formen auf=
geht. Er ist dasjenige, was dieser ganzen Entwicklung zu Grunde
liegt. Er ist es, der den Zusammenhang in dieser unendlichen
Mannigfaltigkeit herstellt. Er ist das Innerliche von dem, was
wir als äußerliche Formen der Lebewesen erfahren. Die Dar=
winsche Theorie setzt den Typus voraus.

Der Typus ist der wahre Ur=Organismus; je nachdem er
sich ideell specialisiert: Urpflanze oder Urtier. Kein einzelnes,
sinnlich=wirkliches Lebewesen kann es sein. Was Haeckel oder
andere Naturalisten als Urform ansehen, ist schon eine besondere
Gestalt; ist eben die einfachste Gestalt des Typus. Daß er zeitlich
zuerst in einfachster Form auftritt, bedingt nicht, daß die zeitlich=
folgenden Formen sich als Folge der zeitlich=vorangehenden ergeben.
Alle Formen ergeben sich als Folge des Typus, die erste wie
die letzte sind Erscheinungen desselben. Ihn müssen wir einer
wahren Organik zu Grunde legen und nicht einfach die einzelnen
Tier= und Pflanzenarten aus einander ableiten wollen. Wie ein
roter Faden zieht sich der Typus durch alle Entwicklungsstufen
der organischen Welt. Wir müssen ihn festhalten und dann mit
ihm dieses große, verschiedengestaltige Reich durchwandern. Dann
wird es uns verständlich. Sonst zerfällt es uns wie die ganze
übrige Erfahrungswelt in eine zusammenhangslose Menge von
Einzelheiten. Ja selbst wenn wir glauben, Späteres, Kompli=
zierteres, Zusammengesetzteres auf eine ehemalige einfachere
Form zurückzuführen und in dem letzteren ein Ursprüngliches zu
haben, so täuschen wir uns, denn wir haben nur Specialform
von Specialform abgeleitet.

Friedrich Theob. Vischer hat einmal in Bezug auf die Dar=
winsche Theorie die Ansicht ausgesprochen, daß sie eine Revision
unseres Zeitbegriffes notwendig mache. Wir sind hier an einen
Punkt gekommen, der uns ersichtlich macht, in welchem Sinne eine
solche Revision zu geschehen hätte. Sie hätte zu zeigen, daß die
Herleitung eines Späteren aus einem Früheren keine Erklärung ist,
daß das Zeitlich=Erste kein Principiell=Erstes ist. Alle Ableitung hat
aus einem Principiellen zu geschehen und höchstens wäre zu zeigen,
welche Faktoren wirksam waren, daß sich die eine Wesensart
zeitlich vor der anderen entwickelt hat.

Der Typus spielt in der organischen Welt dieselbe Rolle
wie das Naturgesetz in der unorganischen. Wie dieses uns die

Möglichkeit an die Hand gibt, jedes einzelne Geschehen als das Glied eines großen Ganzen zu erkennen, so setzt uns der Typus in die Lage, den einzelnen Organismus als eine besondere Form der Urgestalt anzusehen.

Wir haben bereits darauf hingedeutet, daß der Typus keine abgeschlossene eingefrorene Begriffsform ist, sondern, daß er flüssig ist, daß er die mannigfaltigsten Gestaltungen annehmen kann. Die Zahl dieser Gestaltungen ist eine unendliche, weil dasjenige, wodurch die Urform eine einzelne, besondere ist, für die Urform selbst keine Bedeutung hat. Es ist gerade so, wie ein Naturgesetz unendlich viele einzelne Erscheinungen regelt, weil die speciellen Bestimmungen, die in dem einzelnen Falle auftreten, mit dem Gesetze nichts zu thun haben.

Doch handelt es sich um etwas wesentlich anderes, als in der unorganischen Natur. Dort handelte es sich darum, zu zeigen, daß eine bestimmte sinnenfällige Thatsache so und nicht anders erfolgen kann, weil dieses oder jenes Naturgesetz besteht. Jene Thatsache und das Gesetz stehen sich als zwei getrennte Faktoren gegenüber und es bedarf weiter gar keiner geistigen Arbeit, als daß wir uns, wenn wir eines Faktums ansichtig werden, des Gesetzes erinnern, das maßgebend ist. Bei einem Lebewesen und seinen Erscheinungen ist das anders. Da handelt es sich darum, die einzelne Form, die in unserer Erfahrung auftritt, aus dem Typus heraus, den wir erfaßt haben müssen, zu entwickeln. Wir müssen einen geistigen Prozeß wesentlich anderer Art vollziehen. Wir dürfen den Typus nicht als etwas Fertiges wie das Naturgesetz einfach der einzelnen Erscheinung gegenüberstellen.

Daß jeder Körper, wenn er durch keine nebensächlichen Umstände gehindert wird, so zur Erde fällt, daß sich die in den aufeinanderfolgenden Zeiten durchlaufenen Wege verhalten wie 1 : 3 : 5 : 7 u. s. w. ist ein einmal fertiges, bestimmtes Gesetz. Es ist ein Urphänomen, welches auftritt, wenn zwei Massen (Erde, Körper auf derselben) in gegenseitige Beziehung treten. Tritt nun ein specieller Fall in das Feld unserer Beobachtung ein, auf den dieses Gesetz Anwendung findet, so brauchen wir nur die sinnlich-beobachtbaren Thatsachen in jener Beziehung zu betrachten, die das Gesetz an die Hand gibt, und wir werden es bestätigt finden. Wir führen den einzelnen Fall auf das Gesetz zurück. Das Naturgesetz spricht den Zusammenhang der in der

Sinnenwelt getrennten Thatsachen aus; es bleibt aber als solches gegenüber der einzelnen Erscheinung bestehen. Beim Typus müssen wir aus der Urform jenen besonderen Fall, der uns vorliegt, heraus entwickeln. Wir dürfen den Typus der einzelnen Gestalt nicht gegenüberstellen, um zu sehen, wie er die letztere regelt; wir müssen sie aus demselben hervorgehen lassen. Das Gesetz beherrscht die Erscheinung als ein über ihr Stehendes; der Typus fließt in das einzelne Lebewesen ein; er identifiziert sich mit ihm.

Eine Organik muß daher, wenn sie in dem Sinne Wissenschaft sein will, wie es die Mechanik oder die Physik ist, den Typus als allgemeinste Form und dann auch in verschiedenen idealen Sondergestalten zeigen. Die Mechanik ist ja auch eine Zusammenstellung der verschiedenen Naturgesetze, wobei die realen Bedingungen durchwegs hypothetisch angenommen sind. Nicht anders müßte es in der Organik sein. Auch hier müßte man hypothetisch bestimmte Formen, in denen sich der Typus ausbildet, annehmen, wenn man eine rationelle Wissenschaft haben wollte. Man müßte dann zeigen, wie diese hypothetischen Gestaltungen stets auf eine bestimmte, unserer Beobachtung vorliegende Form gebracht werden können.

Wie wir im Unorganischen eine Erscheinung auf ein Gesetz zurückführen, so entwickeln wir hier eine Specialform aus der Urform. Nicht durch äußerliche Gegenüberstellung von Allgemeinem und Besonderem kommt die organische Wissenschaft zustande, sondern durch Entwicklung der einen Form aus der anderen.

Wie die Mechanik ein System von Naturgesetzen ist, so soll die Organik eine Folge von Entwicklungsformen des Typus sein. Nur daß wir dort die einzelnen Gesetze zusammenstellen und zu einem Ganzen ordnen, während wir hier die einzelnen Formen lebendig auseinander hervorgehen lassen müssen.

Da ist ein Einwand möglich. Wenn die typische Form etwas durchaus Flüssiges ist, wie ist es da überhaupt möglich, eine Kette aneinandergereihter besonderer Typen als den Inhalt einer Organik aufzustellen? Man kann sich wohl vorstellen, daß man in jedem besonderen Falle, den man beobachtet, eine specielle Form des Typus erkennt, aber man kann doch zum Behufe der Wissenschaft nicht bloß solche wirklich beobachtete Fälle zusammentragen.

Man kann aber etwas anderes. Man kann den Typus seine Reihe der Möglichkeiten durchlaufen lassen und bann immer diese ober jene Form (hypothetisch) festhalten. So erlangt man eine Reihe von gedanklich aus dem Typus abgeleiteten Formen als den Inhalt einer rationellen Organik.

Es ist eine Organik möglich, die ganz in dem strengsten Sinne Wissenschaft ist wie die Mechanik. — Ihre Methode ist nur eine andere. Die Methode der Mechanik ist die beweisende. Jeder Beweis stützt sich auf eine gewisse Regel. Es besteht immer eine bestimmte Voraussetzung (d. h. es sind erfahrungsmögliche Bedingungen angegeben) und dann wird bestimmt, was eintritt, wenn diese Voraussetzungen statthaben. Wir begreifen dann eine einzelne Erscheinung unter Zugrundelegung des Gesetzes. Wir denken so: unter diesen Bedingungen tritt eine Erscheinung ein; die Bedingungen sind da, deswegen muß die Erscheinung eintreten. Das ist unser Gedankenprozeß, wenn wir an ein Ereignis der unorganischen Welt herantreten, um es zu erklären. Das ist die beweisende Methode. Sie ist wissenschaftlich, weil sie eine Erscheinung vollständig mit dem Begriffe durchtränkt, weil sich durch sie Wahrnehmung und Denken decken.

Mit dieser beweisenden Methode können wir aber in der Wissenschaft des Organischen nichts anfangen. Der Typus bestimmt eben nicht, daß unter gewissen Bedingungen eine bestimmte Erscheinung eintritt, er setzt nichts über ein Verhältnis von Gliedern, die einander fremd, äußerlich gegenüberstehen, fest. Er bestimmt nur die Gesetzmäßigkeit seiner eigenen Teile. Er weist nicht wie das Naturgesetz über sich hinaus. Es können die besonderen organischen Formen also nur aus der allgemeinen Typusgestalt heraus entwickelt werden und die in der Erfahrung auftretenden organischen Wesen müssen mit irgend einer solchen Ableitungsform des Typus zusammenfallen. An die Stelle der beweisenden Methode muß hier die entwickelnde treten. Nicht daß die äußeren Bedingungen in dieser Weise aufeinander wirken und daher ein bestimmtes Ergebnis haben, wird hier festgestellt; sondern daß sich unter bestimmten äußeren Verhältnissen eine besondere Gestalt aus dem Typus heraus gebildet hat. Das ist der durchgreifende Unterschied zwischen unorganischer und organischer Wissenschaft. Keiner Forschungsweise liegt er in so konsequenter Weise zu Grunde wie der Goetheschen. Niemand hat so wie Goethe erkannt, daß eine organische Wissenschaft ohne allen Mysticismus, ohne Teleologie, ohne Annahme besonderer Schöpfungsgedanken möglich sein muß.

Keiner aber auch hat bestimmter die Zumutung von sich gewiesen, mit den Methoden der unorganischen Naturwissenschaft hier etwas anzufangen.

Der Typus ist, wie wir gesehen haben, eine vollere wissen= schaftliche Form als das Urphänomen. Er setzt auch eine inten= sivere Thätigkeit unseres Geistes voraus als jenes. Bei dem Nachdenken über die Dinge der unorganischen Natur giebt uns die Wahrnehmung der Sinne den Inhalt an die Hand. Es ist unsere sinnliche Organisation, die uns hier schon das liefert, was wir im Organischen nur durch den Geist empfangen. Um Süß, Sauer, Wärme, Kälte, Licht, Farbe ꝛc. wahrzunehmen, braucht man nur gesunde Sinne. Wir haben da im Denken zu dem Stoffe nur die Form zu finden. Im Typus aber sind Inhalt und Form enge aneinander gebunden. Deshalb bestimmt der Typus ja nicht rein formell wie das Gesetz den Inhalt, sondern er durchdringt ihn lebendig, von innen heraus, als seinen eigenen. An unseren Geist tritt die Aufgabe heran, zugleich mit dem For= mellen produktiv an der Erzeugung des Inhaltlichen teilzunehmen.

Man hat von jeher eine Denkungsart, welcher der Inhalt mit dem Formellen in unmittelbarem Zusammenhange erscheint, eine intuitive genannt.

Wiederholt tritt die Intuition als wissenschaftliches Princip auf. Der englische Philosoph Reid nennt eine Intuition, daß wir aus der Wahrnehmung der äußeren Erscheinungen (Sinnes= eindrücke) zugleich die Überzeugung von dem Sein derselben schöpften. Jacobi vermeinte, in unserem Gefühle von Gott sei uns nicht nur dieses selbst, sondern zugleich die Bürgschaft dafür gegeben, daß Gott ist. Auch dieses Urteil nennt man intuitiv. Das Charakteristische ist, wie man sieht, immer, daß in dem In= haltlichen stets mehr gegeben sein soll, als dieses selbst, daß man von einer gedanklichen Bestimmung weiß, ohne Beweis, bloß durch unmittelbare Überzeugung. Man glaubt, daß man die Ge= dankenbestimmungen Sein ꝛc. von dem Wahrnehmungsstoffe nicht beweisen zu müssen glaubt, sondern daß man sie in ungetrennter Einheit mit dem Inhalte besitzt.

Das ist aber beim Typus wirklich der Fall. Daher kann er kein Mittel des Beweises liefern, sondern bloß die Möglichkeit an die Hand geben, jede besondere Form aus sich zu entwickeln. Unser Geist muß demnach in dem Erfassen des Typus viel intensiver wirken als beim Erfassen des Naturgesetzes. Er muß mit der Form den Inhalt erzeugen. Er muß eine Thätigkeit auf sich nehmen, die in der unorganischen Naturwissenschaft die Sinne besorgen und die wir Anschauung nennen. Auf dieser höheren Stufe muß also der Geist selbst anschauend sein. Unsere Urteilskraft muß denkend anschauen und anschauend denken. Wir haben es hier, wie Goethe zum erstenmal auseinandergesetzt, mit einer anschauenden Urteilskraft zu thun. Goethe hat hiermit im menschlichen Geist das als notwendige Auffassungsform nachgewiesen, wovon Kant bewiesen haben wollte, daß es dem Menschen seiner ganzen Anlage nach nicht zukomme.

Vertritt der Typus in der organischen Natur das Naturgesetz (Urphänomen) der anorganischen, so vertritt die Intuition (anschauende Urteilskraft) die beweisende (reflektierende) Urteilskraft. Wie man geglaubt hat, dieselben Gesetze auf die unorganische Natur anwenden zu können, die für eine niedere Erkenntnisstufe maßgebend sind, so vermeinte man auch, dieselbe Methode gelte hier wie dort. Beides ist ein Irrtum.

Man hat die Intuition oft sehr geringschätzend in der Wissenschaft behandelt. Man hat es für einen Mangel des Goetheschen Geistes angesehen, daß er mit der Intuition wissenschaftliche Wahrheiten erreichen wollte. Was auf intuitivem Wege erreicht wird, halten viele zwar für sehr wichtig, wenn es sich um eine wissenschaftliche Entdeckung handelt. Da, sagt man, führt ein Einfall oft weiter als methodisch geschultes Denken. Denn man nennt es ja häufig Intuition, wenn jemand durch Zufall ein Richtiges getroffen, von dessen Wahrheit sich der Forscher erst auf Umwegen überzeugt. Stets wird aber geleugnet, daß die Intuition selbst ein Princip der Wissenschaft sein könne. Was der Intuition beigefallen, müsse nachträglich erst erwiesen werden — so denkt man — wenn es wissenschaftlichen Wert haben soll.

So hat man auch Goethes wissenschaftliche Errungenschaften für geistreiche Einfälle gehalten, die erst nachher durch die strenge Wissenschaft ihre Beglaubigung erhalten haben.

Für die organische Wissenschaft ist aber die Intuition die richtige Methode. Aus unseren Ausführungen geht, denken wir, ganz deutlich hervor, daß sein Geist gerade deshalb, weil er auf Intuition angelegt war, im Organischen den rechten Weg gefunden hat. Die der Organik eigene Methode fiel zusammen mit der

Konſtitution ſeines Geiſtes. Dadurch wurde ihm nur um ſo
klarer, inwiefern ſie ſich von der unorganiſchen Naturwiſſenſchaft
unterſcheidet. Das eine wurde ihm am andern klar. Er zeichnete
daher auch mit ſcharfen Strichen das Weſen des Unorganiſchen.

Zu der geringſchäßenden Art, mit der man die Intuition
behandelt, trägt nicht wenig bei, daß man ihren Errungenſchaften
nicht jenen Grad von Glaubwürdigkeit beilegen zu können meint,
wie den der beweiſenden Wiſſenſchaften. Man nennt oft allein,
was man bewieſen hat, Wiſſen, alles übrige Glaube.

Man muß bedenken, daß die Intuition etwas ganz anderes
bedeutet innerhalb unſerer wiſſenſchaftlichen Richtung, die davon
überzeugt iſt, daß wir im Denken den Kern der Welt weſenhaft
erfaſſen und jener, die den letzteren in ein uns unerforſchbares
Jenſeits verlegt. Wer in der uns vorliegenden Welt, ſoweit wir
ſie entweder erfahren oder mit unſerem Denken durchdringen, nichts
weiter ſieht als einen Abglanz, ein Bild von einem Jenſeitigen,
einem Unbekannten, Wirkenden, das hinter dieſer Hülle nicht nur
für den erſten Blick, ſondern aller wiſſenſchaftlichen Forſchung
zum Trotz verborgen bleibt, der kann allerdings nur in der be=
weiſenden Methode einen Erſatz für die mangelnde Einſicht in
das Weſen der Dinge erblicken. Da er nicht bis zu der Anſicht
durchdringt, daß eine Gedankenverbindung unmittelbar durch den
im Gedanken gegebenen weſenhaften Inhalt, alſo durch die Sache
ſelbſt zuſtande kommt, ſo glaubt er ſie nur dadurch ſtützen zu
können, daß ſie mit einigen Grundüberzeugungen (Axiomen) im
Einklange ſteht, die ſo einfach ſind, daß ſie eines Beweiſes weder
fähig ſind, noch eines ſolchen bedürfen. Wird ihm dann eine
wiſſenſchaftliche Behauptung ohne Beweis gegeben, ja eine ſolche,
die ihrer ganzen Natur nach die beweiſende Methode ausſchließt,
dann erſcheint ſie ihm als von außen aufgedrängt, es tritt eine
Wahrheit an ihn heran, ohne daß er erkennt, welches die Gründe
ihrer Gültigkeit ſind. Er glaubt kein Wiſſen, keine Einſicht in
die Sache zu haben, er glaubt, er könne ſich nur einem Glauben
hingeben, daß außerhalb ſeines Denkvermögens irgendwelche
Gründe für ihre Gültigkeit beſtehen.

Unſere Weltanſicht iſt der Gefahr nicht ausgeſetzt, daß ſie die
Grenzen der beweiſenden Methode zugleich als die Grenze wiſſen=
ſchaftlicher Überzeugung anſehen muß. Sie hat uns zu der Anſicht
geführt, daß der Kern der Welt in unſer Denken einfließt, daß

wir nicht nur über das Weſen der Welt denken, ſondern daß
das Denken ein Zuſammengehen mit dem Weſen der Wirklichkeit
iſt. Uns wird mit der Intuition nicht eine Wahrheit von außen
aufgedrängt, weil es für unſeren Standpunkt ein Außen und
Innen in jener Weiſe, wie es die von uns eben gekennzeichnete,
der unſrigen entgegengeſetzte wiſſenſchaftliche Richtung annimmt,
nicht gibt. Für uns iſt die Intuition ein unmittelbares Inne-
ſein, ein Eindringen in die Wahrheit, die uns alles gibt, was
überhaupt in Anſehung ihrer in Betracht kommt. Sie geht ganz
in dem auf, was uns in unſerem intuitiven Urteile gegeben iſt.
Das Charakteriſtiſche, auf das es beim Glauben ankommt, daß
uns nur die fertige Wahrheit gegeben iſt und nicht die Gründe,
und daß uns der durchbringende Einblick in die in Betracht
kommende Sache abgeht, fehlt hier gänzlich. Die auf dem Wege
der Intuition gewonnene Einſicht iſt gerade ſo wiſſenſchaftlich
wie die beirtieſene.

Jeder Einzelorganismus iſt die Ausgeſtaltung des Typus in
einer beſonderen Form. Er iſt eine Individualität, die ſich aus
einem Centrum heraus ſelbſt regelt und beſtimmt. Er iſt eine
in ſich geſchloſſene Ganzheit, was in der unorganiſchen Natur erſt
der Kosmos iſt.

Das Ideal der unorganiſchen Wiſſenſchaft iſt: Die Totalität
aller Erſcheinungen als einheitliches Syſtem zu erfaſſen, damit wir
jeder Einzelerſcheinung mit dem Bewußtſein gegenübertreten: wir
erkennen ſie als Glied des Kosmos. In der organiſchen Wiſſen=
ſchaft muß dagegen Ideal ſein, in dem Typus und ſeinen Er=
ſcheinungsformen dasjenige in möglichſter Vollkommenheit zu haben,
was wir in der Reihe der Einzelweſen ſich entwickeln ſehen.
Die Hindurchführung des Typus durch alle Erſcheinungen iſt hier
das Maßgebende. In der unorganiſchen Wiſſenſchaft das Syſtem,
in der Organik die Vergleichung (jeder einzelnen Form mit
dem Typus).

Die Spektralanalyſe und die Vervollkommnung der Aſtro-
nomie dehnen die auf dem beſchränkten Gebiete des Irdiſchen gewonnenen Wahrheiten auf das Weltganze aus. Damit nähern
ſie ſich dem erſten Ideal. Das zweite wird erfüllt werden, wenn
die von Goethe angewendete vergleichende Methode in
ihrer Tragweite erkannt wird. —

F. Die Geisteswissenschaften.

17. Einleitung: Geist und Natur.

Das Gebiet des Natur=Erkennens haben wir erschöpft. Die Organik ist die höchste Form der Naturwissenschaft. Was noch darüber ist, sind die Geisteswissenschaften. Diese fordern ein wesentlich anderes Verhalten des Menschengeistes zum Objekte als die Naturwissenschaften. Bei den letzteren hatte der Geist eine universelle Rolle zu spielen. Es fiel ihm sozusagen die Aufgabe zu, den Weltprozeß selbst zum Abschlusse zu bringen. Was ohne den Geist da war, war nur die Hälfte der Wirklichkeit, war un= vollendet, in jedem Punkte Stückwerk. Der Geist hat da die innersten Triebfedern der Wirklichkeit, die zwar auch ohne seine subjektive Einmischung Geltung hätten, zum Erscheinungsdasein zu rufen. Wäre der Mensch ein bloßes Sinnenwesen, ohne geistige Auffassung, so wäre die unorganische Natur wohl nicht minder von Naturgesetzen abhängig, aber sie träten nie als solche ins Dasein ein. Es gäbe zwar Wesen, welche das Bewirkte (die Sinnenwelt), nicht aber das Wirkende (die innere Gesetzlichkeit) wahrnehmen. Es ist wirklich die echte und zwar die wahrste Gestalt der Natur, welche im Menschengeiste zur Erscheinung kommt, während für ein Sinnenwesen nur ihre Außenseite da ist. Die Wissenschaft hat hier eine weltbedeutsame Rolle. Sie ist der Abschluß des Schöpfungs= werkes. Es ist die Auseinandersetzung der Natur mit sich selbst, die sich im Bewußtsein des Menschen abspielt. Das Denken ist das letzte Glied in der Reihenfolge der Prozesse, die die Natur bilden.

Nicht so ist es bei der Geisteswissenschaft. Hier hat es unser Bewußtsein mit geistigem Inhalte selbst zu thun: mit dem ein= zelnen Menschengeist, mit den Schöpfungen der Kultur, der Litte=

ratur, mit den aufeinanderfolgenden wissenschaftlichen Überzeugungen, mit den Schöpfungen der Kunst. Geistiges wird durch den Geist erfaßt. Die Wirklichkeit hat hier schon das Ideelle, die Gesetz= mäßigkeit in sich, die sonst erst in der geistigen Auffassung hervor= tritt. Was bei den Naturwissenschaften erst Produkt des Nach= denkens über die Gegenstände ist, das ist hier denselben eingeboren. Die Wissenschaft spielt eine andere Rolle. Das Wesen wäre auch schon im Objekte ohne ihre Arbeit da. Es sind menschliche Thaten, Schöpfungen, Ideen, mit denen wir es zu thun haben. Es ist eine Auseinandersetzung des Menschen mit sich selbst und seinem Geschlechte. Die Wissenschaft hat eine andere Sendung zu erfüllen als der Natur gegenüber.

Wieder tritt diese Sendung zuerst als menschliches Bedürfnis auf. Sowie die Notwendigkeit, zur Naturwirklichkeit die Naturidee zu finden, zuerst als Bedürfnis unseres Geistes auftritt, so ist auch die Aufgabe der Geisteswissenschaften zuerst als menschlicher Drang da. Wieder ist es nur eine objektive Thatsache, die sich als sub= jektives Bedürfnis kundgibt.

Der Mensch soll nicht wie das Wesen der unorganischen Natur auf ein anderes Wesen nach äußeren Normen, nach einer ihn beherrschenden Gesetzlichkeit wirken, er soll auch nicht bloß die Einzelform eines allgemeinen Typus sein, sondern er soll sich den Zweck, das Ziel seines Daseins, seiner Thätigkeit selbst vor= setzen. Wenn seine Handlungen die Ergebnisse von Gesetzen sind, so müssen diese Gesetze solche sein, die er sich selbst gibt. Was er an sich selbst, was er unter seinesgleichen, in Staat und Ge= schichte ist, das darf er nicht durch äußerliche Bestimmung sein. Er muß es durch sich selbst sein. Wie er sich in das Ge= füge der Welt einfügt, hängt von ihm ab. Er muß den Punkt finden, um an dem Getriebe der Welt teilzunehmen. Hier er= halten die Geisteswissenschaften ihre Aufgabe. Der Mensch muß die Geisteswelt kennen, um nach dieser Erkenntnis seinen Anteil an derselben zu bestimmen. Da entspringt die Sendung, die Psychologie, Volkskunde und Geschichtswissenschaft zu erfüllen haben.

Das ist das Wesen der Natur, daß Gesetz und Thätigkeit auseinanderfallen, diese von jenem beherrscht erscheint; das hin= gegen ist das Wesen der Freiheit, daß beide zusammenfallen, daß sich das Wirkende in der Wirkung unmittelbar darlebt und daß das Bewirkte sich selbst regelt.

Die Geisteswissenschaften sind im eminenten Sinne daher Freiheitswissenschaften. Die Idee der Freiheit muß ihr Mittelpunkt, die sie beherrschende Idee sein. Deshalb stehen Schillers ästhetische Briefe so hoch, weil sie das Wesen der Schönheit in der Idee der Freiheit finden wollen, weil die Freiheit das Princip ist, das sie durchdringt.

Der Geist nimmt nur jene Stelle in der Allgemeinheit, im Weltganzen ein, die er sich als individueller gibt. Während in der Organik stets das Allgemeine, die Typus-Idee im Auge behalten werden muß, ist in den Geisteswissenschaften die Idee der Persönlichkeit festzuhalten. Nicht die Idee, wie sie sich in der Allgemeinheit (Typus) darlebt, sondern wie sie im Einzelwesen (Individuum) auftritt, ist es, worauf es ankommt. Natürlich ist nicht die zufällige Einzelpersönlichkeit, nicht diese oder jene Persönlichkeit maßgebend, sondern die Persönlichkeit überhaupt; aber diese nicht aus sich heraus zu besonderen Gestalten sich entwickelnd und erst so zum sinnenfälligen Dasein kommend, sondern in sich selbst genug, in sich abgeschlossen, in sich seine Bestimmung findend.

Der Typus hat die Bestimmung, sich im Individuum erst zu realisieren. Die Person hat diese, bereits als Ideelles wirklich auf sich selbst ruhendes Dasein zu gewinnen. Es ist etwas ganz anderes, wenn man von einer allgemeinen Menschheit spricht, als von einer allgemeinen Naturgesetzlichkeit. Bei letzterer ist das Besondere durch das Allgemeine bedingt; bei der Idee der Menschheit ist es die Allgemeinheit durch das Besondere. Wenn es uns gelingt, der Geschichte allgemeine Gesetze abzulauschen, so sind diese nur insoferne solche, als sie sich von den historischen Persönlichkeiten als Ziele, Ideale vorgesetzt wurden. Das ist der innere Gegensatz von Natur und Geist. Die erste fordert eine Wissenschaft, welche von dem unmittelbar Gegebenen, als dem Bedingten, zu dem im Geiste Erfaßbaren, als dem Bedingenden, aufsteigt; der letzte eine solche, welche von dem Gegebenen als dem Bedingenden zu dem Bedingten fortschreitet. Daß das Besondere zugleich das Gesetzgebende ist, charakterisiert die Geisteswissenschaften; daß dem Allgemeinen diese Rolle zufällt, die Naturwissenschaften.

Was uns in der Naturwissenschaft nur als Durchgangspunkt wertvoll ist, das Besondere, das interessiert uns in den Geistes-

wiſſenſchaften allein. Was wir in jener ſuchen, das Allgemeine,
kommt hier nur inſoferne in Betracht, als es uns über das Be=
ſondere aufklärt

Es wäre gegen den Geiſt der Wiſſenſchaft, wenn man der
Natur gegenüber bei der Unmittelbarkeit des Beſonderen ſtehen
bliebe. Geradezu geiſttötend wäre es aber auch, wenn man z. B.
die griechiſche Geſchichte in einem allgemeinen Begriffsthema um=
faſſen wollte. Dort würde der an der Erſcheinung haftende Sinn
keine Wiſſenſchaft erringen; hier würde der nach einer allgemeinen
Schablone vorgehende Geiſt allen Sinn für das Individuelle
verlieren.

18. Pſychologiſches Erkennen.

Die erſte Wiſſenſchaft, in der es der Geiſt mit ſich ſelbſt
zu thun hat, iſt die Pſychologie. Der Geiſt ſteht ſich betrachtend
ſelbſt gegenüber.

Fichte ſprach dem Menſchen nur inſoferne eine Exiſtenz zu,
als er ſie ſelbſt in ſich ſetzt. Mit andern Worten: die menſch=
liche Perſönlichkeit hat nur jene Merkmale, Eigenſchaften, Fähig=
keiten ꝛc., die ſie ſich vermöge der Einſicht in ihr Weſen ſelbſt
zuſchreibt. Eine menſchliche Fähigkeit, von der der Menſch nichts
wüßte, erkennte er nicht als die ſeinige an, er legte ſie einem
ihm Fremden bei. Wenn Fichte vermeinte, auf dieſe Wahrheit
die ganze Wiſſenſchaft des Univerſums begründen zu können, ſo
war das ein Irrtum. Sie iſt dazu beſtimmt, das oberſte Princip
der Pſychologie zu werden. Sie beſtimmt die Methode derſelben.
Wenn der Geiſt eine Eigenſchaft nur inſoferne beſitzt, als er ſich
ſie ſelbſt beilegt, ſo iſt die pſychologiſche Methode das Vertiefen
des Geiſtes in ſeine eigene Thätigkeit. Selbſterfaſſung iſt alſo
hier die Methode.

Es iſt natürlich, daß wir hiermit die Pſychologie nicht darauf
beſchränken, eine Wiſſenſchaft von den zufälligen Eigenſchaften
irgend eines (dieſes oder jenes) menſchlichen Individuums zu ſein.
Wir löſen den Einzelgeiſt von ſeinen zufälligen Beſchränkungen,
von ſeinen nebenſächlichen Merkmalen ab und ſuchen uns zu der
Betrachtung des menſchlichen Individuums überhaupt zu erheben.

Das iſt ja nicht das Maßgebende, daß wir die ganz zufällige
Einzelindividualität betrachten, ſondern daß wir uns über das

aus sich selbst bestimmende Individuum überhaupt klar werden. Wer da sagen wollte, da hätten wir ja auch mit nichts weiter als mit dem Typus der Menschheit zu thun, verwechselt den Typus mit dem generalisierten Begriff. Dem Typus ist es wesentlich, daß er als allgemeiner seinen Einzelformen gegenübersteht. Nicht so dem Begriff des menschlichen Individuums. Hier ist das Allgemeine unmittelbar im Einzelwesen thätig, nur daß sich diese Thätigkeit in verschiedener Weise äußert, je nach den Gegenständen, auf die sie sich richtet. Der Typus lebt sich in einzelnen Formen dar und tritt in diesen mit der Außenwelt in Wechselwirkung. Der Menschengeist hat nur eine Form. Hier aber bewegen jene Gegenstände sein Fühlen, dort begeistert ihn dieses Ideal zu Handlungen 2c. Es ist nicht eine besondere Form des Menschengeistes; es ist immer der ganze, volle Mensch, mit dem man es zu thun hat. Diesen muß man aus seiner Umgebung loslösen, wenn man ihn erfassen will. Will man zum Typus gelangen, dann muß man von der Einzelform zur Urform aufsteigen; will man zum Geiste gelangen, muß man von den Äußerungen, durch die er sich kund gibt, von den speciellen Thaten, die er vollbringt, absehen und ihn an und für sich betrachten. Man muß ihn belauschen, wie er überhaupt handelt, nicht wie er in dieser oder jener Lage gehandelt hat. Im Typus muß man die allgemeine Form durch Vergleichung von den Einzelnen loslösen, in der Psychologie muß man die Einzelform bloß von ihrer Umgebung loslösen.

Es ist das nicht mehr so wie in der Organik, daß wir in dem besonderen Wesen eine Gestaltung des Allgemeinen, der Urform erkennen, sondern die Wahrnehmung des Besonderen als diese Urform selbst. Nicht eine Ausgestaltung ihrer Idee ist das menschliche Geisteswesen, sondern die Ausgestaltung derselben. Wenn Jacobi glaubt, daß wir mit der Wahrnehmung unseres Innern zugleich die Überzeugung davon gewinnen, daß demselben ein einheitliches Wesen zu Grunde liege (intuitive Selbsterfassung), so ist der Gedanke deswegen ein verfehlter, weil wir ja dieses einheitliche Wesen selbst wahrnehmen. An die Stelle der Intuition tritt eben Selbstbetrachtung. Das ist bei der höchsten Form des Daseins sachlich auch notwendig. Das, was der Geist aus den Erscheinungen herauslesen kann, ist die höchste Form des Inhaltes, den er überhaupt gewinnen kann. Reflektiert er dann auf sich selbst, so muß er sich als die unmittelbare Manifestation dieser höchsten Form, als den Träger derselben selbst erkennen. Was der Geist als Einheit in der vielgestaltigen Wirklichkeit findet, das muß er in seiner Einzelheit als unmittelbares Dasein finden. Was er der Besonderheit als Allgemeines gegenüberstellt, das muß er seinem Individuum als dessen Wesen selbst zuerkennen.

Man ersieht aus alledem, daß man eine wahrhafte Psychologie nur gewinnen kann, wenn man auf die Beschaffenheit des Geistes als eines Thätigen eingeht. Man hat in unserer Zeit an die Stelle dieser Methode eine andere setzen wollen, welche die Er=scheinungen, in denen sich der Geist darlebt, nicht diesen selbst, zum Gegenstande der Psychologie macht. Man glaubt die einzelnen Äußerungen desselben ebenso in einen äußerlichen Zusammenhang bringen zu können, wie das bei den unorganischen Naturthatsachen geschieht. So will man eine „Seelenlehre ohne Seele" begründen. Aus unseren Betrachtungen ergibt sich, daß man bei dieser Methode gerade das aus dem Auge verliert, auf das es ankommt. Man sollte den Geist von seinen Äußerungen loslösen und auf ihn als den Produzenten derselben zurückgehen. Man beschränkt sich auf die ersteren und vergißt auf den letzteren. Man hat sich eben auch hier zu jenem falschen Standpunkt verleiten lassen, der die Methoden der Mechanik, Physik ꝛc. auf alle Wissenschaften anwenden will.

Die einheitliche Seele ist uns ebenso erfahrungsgemäß gegeben, wie ihre einzelnen Handlungen. Jedermann ist sich dessen bewußt, daß sein Denken, Fühlen und Wollen von seinem „Ich" ausgeht. Jede Thätigkeit unserer Persönlichkeit ist mit diesem Centrum unseres Wesens verbunden. Sieht man bei einer Handlung von dieser Verbindung mit der Persönlichkeit ab, dann hört sie über=haupt auf eine Seelenerscheinung zu sein. Sie fällt entweder unter den Begriff der unorganischen oder der organischen Natur. Liegen zwei Kugeln auf dem Tische und ich stoße die eine an die andere, so löst sich alles, wenn man von meiner Absicht und meinem Wollen absieht, in physikalisches oder physiologisches Ge=schehen auf. Bei allen Manifestationen des Geistes: Denken, Fühlen, Wollen kommt es darauf an, sie in ihrer Wesenheit als Äußerungen der Persönlichkeit zu erkennen. Darauf beruht die Psychologie.

Der Mensch gehört aber nicht nur sich, er gehört auch der Gesellschaft an. Was sich in ihm darlebt, ist nicht bloß seine Indi=

vibualität, sondern zugleich jene des Volksverbandes, bem er an=
gehört. Was er vollbringt, geht ebenso wie aus ber seinen, zu=
gleich aus ber Volkkraft seines Volkes hervor. Er erfüllt mit
seiner Senbung einen Teil von ber seiner Volksgenossenschaft.
Es kommt barauf an, baß sein Plaß innerhalb seines Volkes ein
solcher ist, baß er bie Macht seiner Individualität voll zur Geltung
bringen kann. Das ist nur möglich, wenn ber Volksorganismus
ein berartiger ist, baß ber einzelne ben Ort finden kann, wo er
seinen Hebel ansehen kann. Es barf nicht bem Zufall überlassen
bleiben, ob er biesen Plaß findet.

Die Weise zu erforschen, wie sich bie Individualität inner=
halb ber Volksgemeinbe barlebt, ist Sache ber Volkskunde und
ber Staatswissenschaft. Die Volksindividualität ist ber Gegenstand
bieser Wissenschaft. Sie hat zu zeigen, welche Form ber staatliche
Organismus anzunehmen hat, wenn bie Volksindividualität in bem=
selben zum Ausbrucke kommen soll. Die Verfassung, bie sich ein
Volk gibt, muß aus seinem innersten Wesen heraus entwickelt
werben. Auch hier sind nicht geringe Irrtümer im Umlauf. Man
hält bie Staatswissenschaft nicht für eine Erfahrungswissenschaft.
Man glaubt bie Verfassung aller Völker nach einer gewissen
Schablone einrichten zu können.*)

Die Verfassung eines Volkes ist aber nichts anderes als sein
individueller Charakter in festbestimmte Gesehesformen gebracht.
Wer bie Richtung vorzeichnen will, in ber sich eine bestimmte
Thätigkeit eines Volkes zu bewegen hat, barf nichts Äußerliches
aufbrängen: er muß einfach aussprechen, was im Volkscharakter
unbewußt liegt. „Der Verständige regiert nicht, aber ber Verstand;
nicht ber Vernünftige, sondern bie Vernunft," sagt Goethe.

Die Volksindividualität als vernünftige zu begreifen, ist bie
Methobe ber Volkskunde. Der Mensch gehört einem Ganzen an,
bessen Natur bie Vernunftorganisation ist. Wir können auch hier
wieder ein bebeutsames Wort Goethes anführen: „Die vernünftige
Welt ist als ein großes unsterbliches Individuum zu betrachten,
bas unaufhaltsam bas Notwendige bewirkt unb baburch sich sogar
über bas Zufällige zum Herrn macht." — Wie bie Psychologie
bas Wesen bes Einzelindividuums, so hat bie Volkskunde (Völker=
psychologie) jenes „unsterbliche Individuum" zu erforschen. —

*) Dieser Vorwurf trifft vor allem jene, bie ba glauben, bie in England erfundene
liberale Schablone lasse sich allen Staaten aufbrängen.

19. Die menschliche Freiheit.

Unsere Ansicht von den Quellen unseres Erkennens kann nicht ohne Einfluß auf jene von unseren praktischen Handlungen sein. Der Mensch handelt ja nach gedanklichen Bestimmungen, die in ihm liegen. Was er vollbringt, richtet sich nach Absichten, Zielen, die er sich vorsetzt. Es ist aber ganz selbstverständlich, daß diese Ziele, Absichten, Ideale u. s. w. denselben Charakter tragen werden, wie die übrige Gedankenwelt des Menschen. Und so wird es eine praktische Wahrheit der dogmatischen Wissenschaft geben, die einen wesentlich anderen Charakter hat als jene, die sich als die Konsequenz unserer Erkenntnistheorie ergibt. Sind die Wahrheiten, zu denen der Mensch in der Wissenschaft gelangt, von einer sachlichen Notwendigkeit bedingt, die ihren Sitz außer dem Denken hat, so werden es auch die Ideale sein, die er seinem Handeln zu Grunde legt. Der Mensch handelt dann nach Ge=setzen, deren Begründung in sachlicher Hinsicht ihm fehlt; er denkt sich eine Norm, die von außen seinem Handeln vorgeschrieben ist. Dies aber ist der Charakter des Gebotes, das der Mensch zu beobachten hat. Das Dogma als praktische Wahrheit ist Sittengebot.

Ganz anders ist es mit Zugrundelegung unserer Erkenntnis=theorie. Diese erkennt keinen anderen Grund der Wahrheiten, als den in ihnen liegenden Gedankeninhalt. Wenn daher ein sittliches Ideal zustande kommt, so ist es die innere Kraft, die im Inhalte desselben liegt, die unser Handeln lenkt. Nicht weil uns ein Ideal als Gesetz gegeben ist, handeln wir nach demselben, sondern weil das Ideal vermöge seines Inhaltes in uns thätig ist, uns leitet. Der Antrieb zum Handeln liegt nicht außer, sondern in uns. Dem Pflichtgebot fühlten wir uns untergeben, wir müßten in einer bestimmten Weise handeln, weil es so befiehlt. Da kommt zuerst das Sollen und dann das Wollen, das sich jenem zu fügen hat. Nach unserer Ansicht ist das nicht der Fall. Das Wollen ist souverän. Es vollführt nur, was als Gedankeninhalt in der menschlichen Persönlichkeit liegt. Der Mensch läßt sich nicht von einer äußeren Macht Gesetze geben, er ist sein eigener Gesetzgeber.

Wer sollte sie ihm, nach unserer Weltansicht, auch geben? Der Weltengrund hat sich in die Welt vollständig ausgegossen, er hat sich nicht von der Welt zurückgezogen, um sie von außen

zu lenken, er treibt sie von innen; er hat sich ihr nicht vorent=
halten. Die höchste Form, in der er innerhalb der Wirklichkeit
auftritt, ist das Denken und mit demselben die menschliche Persön=
lichkeit. Hat somit der Weltengrund Ziele, so sind sie identisch
mit den Zielen, die sich der Mensch setzt, indem er sich darlebt.
Nicht indem der Mensch irgend welchen Geboten des Weltenlenkers
nachforscht, handelt er nach dessen Absichten, sondern indem er
nach seinen eigenen Einsichten handelt. Denn in ihnen lebt sich
jener Weltenlenker dar. Er lebt nicht als Wille irgendwo außer=
halb des Menschen; er hat sich jedes Eigenwillens begeben, um
alles von des Menschen Willen abhängig zu machen. Auf daß
der Mensch sein eigener Gesetzgeber sein könne, müssen alle Ge=
danken auf außermenschliche Weltbestimmungen und dergl. auf=
gegeben werden.

Wir machen bei dieser Gelegenheit auf die ganz vortreffliche
Abhandlung Kreyenbühls in den Philosoph. Monatsheften 18. Bd.
3. Heft aufmerksam. Dieselbe führt in richtiger Weise aus, wie
die Maximen unseres Handelns durchaus aus unmittelbaren Be=
stimmungen unseres Individuums erfolgen; wie alles ethisch Große
nicht durch die Macht des Sittengesetzes eingegeben, sondern auf
den unmittelbaren Drang einer individuellen Idee hin vollführt
werde.

Nur bei dieser Ansicht ist eine wahre Freiheit des Menschen
möglich. Wenn der Mensch nicht in sich die Gründe seines
Handelns trägt, sondern sich nach Geboten richten muß, so handelt
er unter einem Zwange, er steht unter einer Notwendigkeit, fast
wie ein bloßes Naturwesen.

Unsere Philosophie ist daher im eminenten Sinne Freiheits=
philosophie. Sie zeigt erst theoretisch, wie alle Kräfte 2c. weg=
fallen müssen, die die Welt von außen lenkten, um dann den
Menschen zu seinem eigenen Herrn im allerbesten Sinne des
Wortes zu machen. Wenn der Mensch sittlich handelt, so ist das
für uns nicht Pflichterfüllung, sondern die Äußerung seiner völlig
freien Natur. Der Mensch handelt nicht, weil er soll, sondern,
weil er will. Diese Ansicht hatte auch Goethe im Auge, als er
sagte: „Lessing, der mancherlei Beschränkung unwillig fühlte, läßt
eine seiner Personen sagen: Niemand muß müssen. Ein geistreicher,
frohgesinnter Mann sagte: Wer will, der muß. Ein dritter, frei=
lich ein Gebildeter, fügte hinzu: Wer einsieht, der will auch.“

Es giebt also keinen Antrieb für unser Handeln als unsere Einsicht. Ohne daß irgend welcher Zwang hinzutrete, handelt der
freie Mensch nach seiner Einsicht, nach Geboten, die er sich
selbst giebt.

Um diese Wahrheiten drehte sich die bekannte Kontroverse
Kant-Schillers. Kant stand auf dem Standpunkte des Pflicht-
gebotes. Er glaubte das Sittengesetz herabzuwürdigen, wenn er
es von der menschlichen Subjektivität abhängig machte. Nach seiner
Ansicht handelt der Mensch nur sittlich, wenn er sich aller subjektiven Antriebe beim Handeln entäußert und sich rein der Majestät
der Pflicht beugt. Schiller sah in dieser Ansicht eine Herabwürdigung
der Menschennatur. Sollte denn dieselbe wirklich so schlecht sein,
daß sie ihre eigenen Antriebe so durchaus beseitigen müsse, wenn
sie moralisch sein will! Schillers und Goethes Weltanschauung
kann sich nur zu der von uns angegebenen Ansicht bekennen. In
dem Menschen ist selbst der Ausgangspunkt seines Handelns zu
suchen.

Deshalb darf auch in der Geschichte, deren Gegenstand ja
der Mensch ist, nicht von äußeren Einflüssen seines Handelns, von
Ideen, die in der Zeit liegen 2c., gesprochen werden; am wenigsten
von einem Plane, der ihr zu Grunde liege. Die Geschichte ist
nichts anderes, denn die Entwicklung menschlicher Handlungen,
Ansichten 2c. „Zu allen Zeiten sind es nur die Individuen, welche
für die Wissenschaft gewirkt, nicht das Zeitalter. Das Zeitalter
war's, das den Sokrates durch Gift hinrichtete; das Zeitalter, das
Huß verbrannte; die Zeitalter sind sich immer gleich ge-
blieben," sagt Goethe. Alles apriorische Konstruieren von Plänen,
die der Geschichte zu Grunde liegen sollen, ist gegen die historische Methode, wie sie sich aus dem Wesen der Geschichte ergiebt.
Diese zielt darauf ab, gewahr zu werden, was die Menschen zum
Fortschritt ihres Geschlechtes beigetragen; zu erfahren, welche Ziele
sich diese oder jene Persönlichkeit gesetzt, welche Richtung sie ihrer
Zeit gegeben. Die Geschichte ist durchaus auf die Menschennatur
zu begründen. Ihr Wollen, ihre Tendenzen sind zu begreifen.
Unsere Erkenntniswissenschaft schließt es völlig aus, der Geschichte
einen Zweck zu unterschieben, wie etwa, daß die Menschen von
einer niederen Stufe der Vollkommenheit zu einer höheren erzogen
werden und dergl. Ebenso erscheint es unserer Ansicht gegenüber
als irrtümlich, wenn man, wie dies Herber in den „Ideen zu

einer Philosophie der Geschichte der Menschheit" thut, die histori=
schen Ereignisse wie die Naturthatsachen nach der Abfolge von
Ursache und Wirkung abfassen will. Die Gesetze der Geschichte
sind eben viel höherer Natur. Ein Faktum der Physik wird von
einem anderen so bestimmt, daß das Gesetz über den Erscheinungen
steht. Eine historische Thatsache wird als Ideelles von einem
Ideellen bestimmt. Da kann von Ursache und Wirkung doch nur
die Rede sein, wenn man ganz an der Außerlichkeit hängt. Wer
könnte glauben, daß er die Sache wiedergibt, wenn er Luther
die Ursache der Reformation nennt. Die Geschichte ist wesentlich
eine Idealwissenschaft. Ihre Wirklichkeit sind schon Ideen. Daher
ist die Hingabe an das Objekt die einzig richtige Methode. Jedes
Hinausgehen über dasselbe ist unhistorisch.

Psychologie, Volkskunde und Geschichte sind die hauptsäch=
lichsten Formen der Geisteswissenschaft. Ihre Methoden sind, wie
wir gesehen haben, auf die unmittelbare Erfassung der idealen
Wirklichkeit gegründet. Ihr Gegenstand ist die Idee, das Geistige,
wie jener der unorganischen Wissenschaft das Naturgesetz, der
Organik, der Typus war.

---

20. Optimismus und Pessimismus.

Der Mensch hat sich uns als der Mittelpunkt der Welt=
ordnung erwiesen. Er erreicht als Geist die höchste Form des
Daseins und vollbringt im Denken den vollkommensten Welt=
prozeß. Nur wie er die Sachen beleuchtet, so sind sie wirklich.
Das ist eine Ansicht, der zufolge der Mensch die Stütze, das Ziel
und den Kern seines Daseins in sich selbst hat. Sie macht den
Menschen zu einem sich selbst genugsamen Wesen. Er muß in
sich den Halt finden für alles, was an ihm ist. Also auch für
seine Glückseligkeit. Soll ihm die letztere werden, so kann er sich
sie nur selbst verdanken. Jede Macht, die sie ihm von außen
spendete, verdammte ihn damit zur Unfreiheit. Nichts kann dem
Menschen Befriedigung gewähren, wenn ihm diese Fähigkeit nicht
zuerst von ihm verliehen wurde. Soll etwas für uns eine Lust
bedeuten, so müssen wir ihm erst jene Macht, durch die es solches
kann, selbst verleihen. Lust und Unlust sind für den Menschen
im höheren Sinne nur da, insoferne er sie als solche empfindet.

Damit fällt aller Optimismus und aller Pessimismus. Jener nimmt an, die Welt sei so, daß in ihr alles gut sei, daß sie dem Menschen zur höchsten Zufriedenheit führe. Soll das aber sein, dann muß er ihren Gegenständen selbst erst irgend etwas abgewinnen, wonach er verlangt, d. h. er kann nicht durch die Welt, sondern nur durch sich glücklich werden.

Der Pessimismus hinwiederum glaubt, die Einrichtung der Welt sei eine solche, daß sie den Menschen ewig unbefriedigt lasse, daß er nie glücklich sein könne. Der obige Einwand gilt natürlich auch hier. Die äußere Welt ist an sich weder gut noch schlecht, sie wird es erst durch den Menschen. Der Mensch müßte sich selbst unglücklich machen, wenn der Pessimismus begründet sein sollte. Er müßte Verlangen nach dem Unglücke tragen. Die Befriedigung seines Verlangens begründet aber gerade sein Glück. Der Pessimist müßte folgerichtig annehmen, daß der Mensch im Unglücke sein Glück sieht. Damit würde seine Ansicht aber doch wieder in nichts zerfließen. Diese einzige Erwägung zeigt deutlich genug die Irrtümlichkeit des Pessimismus.

G. Abſchluß.

21. Erkennen und künſtleriſches Schaffen.

Unſere Erkenntnistheorie hat das Erkennen des bloß paſſiven
Charakters, den man ihm oft beilegt, entkleidet und es als
Thätigkeit des menſchlichen Geiſtes aufgefaßt. Gewöhnlich glaubt
man, der Inhalt der Wiſſenſchaft ſei ein von außen aufgenom=
mener; ja man meint der Wiſſenſchaft die Objektivität in einem
um ſo höheren Grad wahren zu können, als ſich der Geiſt jeder
eigenen Zuthat zu dem aufgefaßten Stoff enthält. Unſere Aus=
führungen haben gezeigt, daß der wahre Inhalt der Wiſſenſchaft
überhaupt nicht der wahrgenommene äußere Stoff iſt, ſondern die
im Geiſte erfaßte Idee, welche uns tiefer in das Weltgetriebe
einführt, als alles Zerlegen und Beobachten der Außenwelt als
bloßer Erfahrung. Die Idee iſt Inhalt der Wiſſenſchaft. Gegen=
über der paſſiv aufgenommenen Wahrnehmung iſt die Wiſſenſchaft
ſomit ein Produkt der Thätigkeit des menſchlichen Geiſtes.

Damit haben wir das Erkennen dem künſtleriſchen Schaffen
genähert, das ja auch ein thätiges Hervorbringen des Menſchen
iſt. Zugleich haben wir aber auch die Notwendigkeit herbeigeführt,
die gegenſeitige Beziehung beider klarzuſtellen.

Sowohl die erkennende, wie die künſtleriſche Thätigkeit be=
ruhen darauf, daß der Menſch von der Wirklichkeit als Produkt
ſich zu ihr als Produzenten erhebt; daß er von dem Geſchaffenen
zum Schaffen, von der Zufälligkeit zur Notwendigkeit aufſteigt.
Indem uns die äußere Wirklichkeit ſtets nur ein Geſchöpf der
ſchaffenden Natur zeigt, erheben wir uns im Geiſte zu der Natur=
einheit, die uns als die Schöpferin erſcheint. Jeder Gegenſtand
der Wirklichkeit ſtellt uns eine von den unendlichen Möglichkeiten
dar, die im Schoße der ſchaffenden Natur verborgen liegen. Unſer

Geiſt erhebt ſich zur Anſchauung jenes Quelles, in dem alle dieſe
Möglichkeiten enthalten ſind. Wiſſenſchaft und Kunſt ſind nun
die Objekte, denen der Menſch einprägt, was ihm dieſe Anſchauung
bietet. In der Wiſſenſchaft geſchieht es nur in der Form der
Idee, d. h. in dem unmittelbar geiſtigen Medium; in der Kunſt
in einem ſinnenfällig oder geiſtig wahrnehmbaren Objekte. In
der Wiſſenſchaft erſcheint die Natur als „das alles Einzelne Um=
faſſende" rein ideell; in der Kunſt erſcheint ein Objekt der Außen=
welt dieſes Umfaſſende darſtellend. Das Unendliche, das die
Wiſſenſchaft im Endlichen ſucht und es in der Idee darzuſtellen
ſucht, prägt die Kunſt einem aus der Seinswelt genommenen
Stoffe ein. Was in der Wiſſenſchaft als Idee erſcheint, iſt in
der Kunſt Bild. Es iſt dasſelbe Unendliche, das Gegenſtand der
Wiſſenſchaft wie der Kunſt iſt, nur daß es dort anders als hier
erſcheint. Die Art der Darſtellung iſt eine verſchiedene. Goethe
tadelte es daher, daß man von einer Idee des Schönen ſpricht,
als ob das Schöne nicht einfach der ſinnliche Abglanz der Idee wäre.

Hier zeigt ſich, wie der wahre Künſtler unmittelbar aus dem
Urquell alles Seins ſchöpfen muß, wie er ſeinen Werken das
Notwendige einprägt, das wir ideell in Natur und Geiſt in der
Wiſſenſchaft ſuchen. Die Wiſſenſchaft lauſcht der Natur ihre Ge=
ſetzlichkeit ab; die Kunſt nicht minder, nur daß ſie die letztere
noch dem rohen Stoffe einpflanzt. Ein Kunſtprodukt iſt nicht
minder Natur als ein Naturprodukt, nur daß ihm die Natur=
geſetzlichkeit ſchon ſo eingegoſſen wurde, wie ſie dem Menſchengeiſt
erſchienen iſt. Die großen Kunſtwerke, die Goethe in Italien
ſah, erſchienen ihm als der unmittelbare Abdruck des Notwendigen,
das der Menſch in der Natur gewahr wird. Ihm iſt daher auch
die Kunſt eine Manifeſtation geheimer Naturgeſetze.

Alles kommt beim Kunſtwerke darauf an, inwiefern der
Künſtler dem Stoffe die Idee eingepflanzt hat. Nicht was er
behandelt, ſondern wie er es behandelt, darauf kommt es an.
Hat in der Wiſſenſchaft der von außen wahrgenommene Stoff
völlig unterzutauchen, ſo daß nur ſein Weſen, die Idee zurück=
bleibt, ſo hat er in dem Kunſtprodukte zu verbleiben, nur daß
ſeine Eigentümlichkeit, ſeine Zufälligkeit vollkommen durch die
künſtleriſche Behandlung zu überwinden iſt. Das Objekt muß
ganz aus der Sphäre des Zufälligen herausgehoben und in jene
des Notwendigen verſetzt werden. Es darf im Kunſtſchönen nichts

zurückbleiben, dem nicht der Künſtler ſeinen Geiſt aufgedrückt
hätte. Das Was muß durch das Wie beſiegt werden.

Überwindung der Sinnlichkeit durch den Geiſt iſt das Ziel
von Kunſt und Wiſſenſchaft. Dieſe überwindet die Sinnlichkeit,
indem ſie ſie ganz in Geiſt auflöſt; jene, indem ſie ihr den Geiſt
einpflanzt. Die Wiſſenſchaft blickt durch die Sinnlichkeit auf die
Idee, die Kunſt erblickt dieſelbe in der Sinnlichkeit. Ein dieſe
Wahrheiten in umfaſſender Weiſe ausdrückender Satz Goethes mag
unſere Betrachtungen abſchließen: „Ich denke Wiſſenſchaft könnte
man die Kenntnis des Allgemeinen nennen, das abgezogene
Wiſſen; Kunſt dagegen wäre Wiſſenſchaft zur That verwendet;
Wiſſenſchaft wäre Vernunft, und Kunſt ihr Mechanismus, deshalb
man ſie auch praktiſche Wiſſenſchaft nennen könnte. Und ſo wäre
denn endlich Wiſſenſchaft das Theorem, Kunſt das Problem.“

Inhalt.